增肌减脂全攻略

刘雨涵 著

营养师
李婉萍 审校

辽宁科学技术出版社
·沈阳·

跟着 May，一起走在正确的增肌减脂路上！

很开心看到May一年后再次出版了一本增肌减脂的新书。在网络上看到她身材越来越紧实，益发有女人味儿，她在健身上付出的努力终于得到了回报。她整理出在增肌减脂路上遇到的问题，同时也收集了许多粉丝的疑问，这些的确也都是来我们门诊减重的朋友常问的问题。在这本新书中，她特别详细讲解了“增肌期”与“减脂期”，以及“依目标和体脂规划自己的饮食”等内容，满足了众多减重减脂朋友的需求。要先增加肌肉还是先减脂呢？或者饮食要先增加热量以利肌力锻炼，还是先减少热量以达到减肥的效果呢？这些问题都可以在本书中找到答案。

May针对这些问题提出了非常具体的意见。想要增肌或减脂，重点都是要先了解自己目前的体重与体脂肪状况是否超过理想目标，超标就表示需先以减少饮食热量的减脂为主，再来，还要评估自己运动的频率与强度以及身体活动量。若是你的运动频率不够、强度不够，再加上每日都是久坐的生活状态，刚开始健身的时候能消耗的热量就不多，因为肌力不足，可以消耗的热量就不多。但是只要累积到一定的肌力量，并减少适度的体脂肪后，恭喜你，这就表示你的代谢正在往上提升。这时候，就要开始调整状态，在运动的时候适度增加热量的摄取。

正确的减重真的非常重要。错误的减重是非常危险的，会导致肌肤无光泽、指甲断裂、容易感冒，对女生影响最严重的就是容易月经失调，甚至不来，除了会影响怀孕功能外，更有可能导致早发型的更年期，一旦走到这个地步，日后要再来调经就不仅仅是几个月的时间，甚至几年都有可能。我非常开心地看到May带领着大家在正确的增肌减脂路上前行，只要我们坚持下去，就能遇到更好的自己！

李婉萍

作者序 跟我一起增肌减脂，打造魅力体态吧！

Hi，大家好，我是May，很高兴我的第二本书与大家见面了。

2018年大学毕业后，如同多数即将毕业的大学生一样，我也担心过毕业后会面临找不到工作的危机，或是只好认命地帮忙家里的产业。当时，我不知道我的未来会怎样，只能持续做我喜欢的事情——健身和料理，并分享在网络上。

没想到就在毕业前，很幸运地有出版社找我这个小女生出书，而且一推出便引发热潮，让我在“健身达人”之外又多了一个“健身书作者”的头衔。2019年我创立新的频道，更多了一个新身份。

网络给予了我新生，我也一直试着以人类学不断思考如何看待使用网络这件事，以及如何与他人沟通等。我希望能持续以“热爱运动与美食”的May这个角色去帮助人、给人带来正面的影响。也希望自己能变得越来越厉害，不仅能被大众认同，更能达成对自己的期望：不被他人的言语所影响，不失去本心和动力，以May这个可爱开朗的角色，继续陪伴喜欢我的读者。

未来，我还有更多的计划想执行。但首先，我要先感谢给予我出书能力肯定的出版社。我知道我有时候很随性、很大意，不好好校稿，又常常出去旅行，因此特别谢谢很辛苦的3位编辑：俊甫、佩瑾和沐晨，你们是很尽责、很认真的编辑，谢谢你们。还有摄影大哥阿志及拍照时帮我切菜、备料的宜铃，大家都辛苦了！

当然，还是要谢谢爱我的家人们，虽然我的做菜能力在家里不太被肯定，但也是因为有家人的支持，才有今天的我。谢谢我最年轻美丽苗条的妈妈，她做菜跟我一样随性，但味道一级棒，三两下就可以变出一桌美味飨宴。我必须说，妈妈的私厨餐馆绝对是世界上最好吃的餐馆（不能让太多人知道）。爸爸是家里的支柱，谢谢爸爸辛苦赚钱养育我们，无论是跟着爸爸学习工作、旅游，或只是在家里吃饭，都是我很珍贵的回忆。而我的双胞胎哥哥才是大厨中的大厨，书中的不少食谱其实都是跟哥哥请教的，能有这么可靠又会料理的哥哥，我很幸福！我的姐姐虽然在照片中看起来总是很完美，在家却是一条“懒虫”！但是，我最喜欢跟着你，一起变胖，再一起变瘦，爱你！

最后，我要大力感谢喜欢mayfitbowl以及长期关注我的每个你，每一则温暖的讯息和鼓励，都是我继续下去的动力。你们对我很重要！未来还请你们多多指教！May的茁壮旅程，邀请你们一起参与！

刘雨涵

May

002 审订序
004 作者序

前言

改变自己，从增肌减脂开始！

010 从瘦身到健身，我的体态转变与心路历程
012 不怕练太壮！我心目中的完美体态
014 现在开始最适合！用运动找到喜爱的自己

第1章 饮食观念篇

吃出健康体态必学！May的烹调理念与饮食方式

018 有别于西式健身餐，把家常菜也变得更健康吧！
019 好吃的秘诀！健康的调味料和用油原则
022 健康的关键！不油不腻的烹调妙方
022 吃法大不同！增肌减脂热量摄取方法
024 请问May！怎么依目标和体脂来定制自己的饮食？
027 跟着May吃！间歇断食、反转饮食与补碳日
028 请问May！执行间歇断食的疑问
026 专栏1 女性体脂小于15%，当心月经不来或怀孕困难
032 专栏2 培养直觉性饮食不需斤斤计较热量
033 专栏3 糙米或白米？能不能吃米饭？
033 专栏4 May的一周备餐小技巧

第2章 饮食实践篇

运用清爽烹调方式与高蛋白食材，跟May一起为自己备餐！

鸡胸肉料理

036 中式清炒时蔬鸡丁
038 麻油木耳鸡胸
039 柠香蒸鸡胸
040 奶油酱烧双菇鸡胸丼饭
041 健康版盐水鸡
042 葱爆宫保鸡丁蒟蒻面佐皮蛋蛋丝
044 泡菜起司鸡胸丼饭
045 时蔬番茄双菇鸡胸暖汤
046 盐葱鸡胸饭佐牛番茄小黄瓜
047 姜丝嫩煎鸡肉佐南瓜葱蛋
048 蒜煎鸡柳佐胡萝卜高丽菜和溏心蛋
050 咸蛋金针菇毛豆炒鸡胸
052 蒜蒸香菇青椒焖鸡
053 九层塔快炒鸡胸

鸡腿肉料理

054 葱烧鸡腿时蔬大杂烩
056 金黄脆皮鸡腿佐清炒芦笋
057 奶油酒蒸鸡腿
058 葱爆杏鲍菇鸡腿丼饭
060 蜂蜜姜烧鸡肉葱丼
062 红椒煎鸡腿肉佐青花椰起司蛋
064 白菜卤鸡腿
066 古早味芋头焖鸡
068 麻油蒸鸡腿
069 南瓜毛豆鸡肉双菇饭

海鲜料理

070 鲑鱼排佐莎莎酱
072 鲑鱼藜麦葱蛋炒饭
073 酒蒸鲷鱼水煮蛋丼饭
074 香煎鲭鱼佐培根花椰菜
075 虾仁芦笋炒蛋
076 美味起司煎鲷鱼
077 皮蛋鲷鱼糙米蛋花粥

牛肉料理

078 煎牛小排佐香菇炒莼菜
080 汉堡排佐青柠酪梨酱
082 辣豆瓣番茄炖煮牛肉片
083 萝卜红烧牛腩
084 寿喜烧牛秋葵滑蛋丼饭

猪肉料理

086 葱爆辣炒秋葵猪肉
088 台式卤猪肉
090 清蒸红烧豆腐狮子头

高蛋白小食

093 牛奶燕麦粥
094 椒盐香酥地瓜片
095 蜜芋头豆奶
096 南瓜甜玉米蒸蛋
097 皮蛋蒸蛋
098 杏鲍菇培根蛋炒饭
099 铝箔包鸡胸
100 专栏 5 健康零负担的外食选择
102 专栏 6 开启一天活力的低糖早餐

第 3 章　运动观念篇

打造好看曲线必知，May 的重训观念与运动理念

106　坚持运动，徒手健身让我保持健康体态
107　能不能同时增肌又减脂?
107　如何在减脂过程中还能尽量保留肌肉?
108　自我体态分析，找出你最需要锻炼的部位
110　跟 May 一起动起来！健身达人的一周运动菜单
112　小心受伤！ May 教你预防运动伤害
113　专栏 7　别只做有氧运动！女性运动守则

第 4 章　运动实战篇

四大部位重塑锻炼，和 May 一起甩肉动起来

116　在家练出性感蜜桃臀

117　深蹲
118　椅子深蹲
119　相扑深蹲
120　负重深蹲
121　跨步蹲
122　跨步蹲抬膝
123　保加利亚跨步蹲
124　跨步蹲抬脚
125　靠墙抬腿
126　驴子抬脚
127　小狗侧抬腿
128　蛤蜊侧抬腿
129　双脚臀桥
130　单脚臀桥
131　沙发负重臀桥
132　负重双脚臀桥

134　在家练出紧实上半身

135　椅上撑体臂屈伸
136　跪姿伏地挺身
137　超人式
138　哑铃侧平举

140　徒手练出迷人的马甲线

141　仰卧抬腿
142　侧边抬腿
143　仰卧踢腿
144　卷腹
145　仰卧碰踝
146　屈膝碰踝
147　侧平板支撑
148　侧平板抬臀
149　侧平板转体

150　高强度燃脂！加强心肺功能
151　抬膝跳　　154　碰肩膀
152　波比跳　　155　脚踏车
133　专栏 8　开启健康生活的好习惯
139　专栏 9　善用你的负面情绪
156　**粉丝最想问！**
关于饮食和运动的疑难杂症

刘雨涵（May）

- 热爱健身、热爱美食、坚持手作料理的吃货。原本只是一个体脂过高的泡芙女孩，大学时下定决心减肥，在每天持续跑步和挨饿之下，终于快速减肥成功，却发现自己变得越来越不快乐，身材线条也不好看。2016 年开始认真健身和控制饮食，带着身为吃货与懒人的热忱，陆续于网络上发表亲自研发的简单美味健身菜，广受网友好评。两年多来也规律地进行肌力锻炼，逐渐养成自信的健美曲线，重新拾回健康体态。
- 畅销著作：《一碗搞定！增肌减脂健身餐》

李婉萍／营养师

- 现职：资身营养师
- 认证：中国台湾糖尿病教师（CDE）、体重管理营养师、中国台湾丙级厨师证照、美国NAHA国际认证芳疗师、英国IFA 国际认证准芳疗师

前言

改变自己，从增肌减脂开始！

从瘦身到健身，我的体态转变与心路历程

我一开始去健身房的理由和大部分女孩一样，单纯想瘦身，能减越多越好。我也曾经度过一段很痛苦的节食的日子。每天在跑步机上跑40分钟，中餐只吃五分饱，晚餐只吃地瓜沙拉和水煮蛋，只要吃进一口不符合“我的健康定义”的食物，例如干面、水饺、甜点等，我就会感受到满满的罪恶感，在心中不断地谴责自己。

遇见重训，扭转我的负面情绪

当时的我渐渐厌倦这样天天挨饿、不快乐的生活，即使我的体重因此快速下降，但运动却变成一种压力，明知道是痛苦的根源，却又不得不完成它。只要看到周围的人，尤其是女生，正在吃我最爱的食物，我都会非常难过，然后再继续低头，吃着非常空虚的沙拉。

就这样，我已经到了接近生病的地步，我的身体也如实反映出不好的状况，月经停了将近半年。于是我告诉自己：“不能再这样下去了！”这不是我原本所追求的健康生活。我开始从原先大量的有氧与核心运动，慢慢踏入重训的领域。

纵使一开始健身时，对重训器材非常不熟悉，总是被健身房里练很久的老手们纠

▲ 我坚信，自信是建立在日复一日的练习之上的。

正，但我深信，自信是建立在日复一日的练习之上的。只要我持续锻炼，一定会越来越好。在这之后，我清楚感觉自己的身体和心灵产生一些变化，运动好像变成生活中的信仰。一早起床做早餐，穿着紧身裤和轻便上衣去学校，只要有时间，最期待的就是一个人去健身房锻炼，练完之后吃着自己准备的富含营养的手作料理。假日也能放松心情跟朋友聚餐，吃多就再努力动，不用担心太多！

正视蛋白质的重要性，淘汰“干扁瘦”的饮食

当重量锻炼真正融入我的日常生活，我开始搜寻网络资料了解健身相关知识，以及学习怎么补充营养才能最有效地增肌减脂。而我也意外地发现：“原来健身后没办法明显增肌，是因为摄入的蛋白质太少了！”从前追求“瘦”，有时一餐只吃素食、素食卷饼，不会刻意督促自己要多摄取蛋白质。但其实无论你的目标是增肌或减脂，摄取足够的蛋白质都是关键。算算看，以我习惯的饮食而言，一餐如一碗牛肉面、一盘水饺＋青菜，平均摄入约20克蛋白质，这对有运动习惯的人来说是不够的。何况许多人早餐会以便利店的面包和果汁来解决，蛋白质更是直接被忽视。

越是投入健身，我越开始意识到“饮食”的重要性，每天不停钻研如何让三餐菜单更丰富美味，并符合我的健身需求，也将这些研发出来的菜色，公开分享在网络上。而在锻炼上，我不断地突破自己，尤其经过教练的指导后，我的身形日益健壮。从最开始的扁身、扁臀，变成现在匀称的S曲线。因为曾经经历过不快乐的节食期，我停止一味追求非常干瘦的身材，反之，稍微有点儿肉，才是我对健康、自信与美的诠释。

不怕练太壮！我心目中的完美体态

当我在网络上分享健身旅程时，意外激起许多女性对重训的兴趣，因而踏上锻炼之路。然而，在健身风气尚不成熟的亚洲社会，多数女生对身形的追求都是“瘦”，纤瘦的体态在大部分人眼中才是美，才是好看的体态。

▲ 我追求的漂亮曲线和浑圆臀形，相信你也能做到。

所以许多女孩都会担心，重训会不会让身材“变壮硕”，也很好奇我是如何克服“怕变壮”的心理，全身心投入健身的。老实说，我和各位一样，对练壮抱持着迟疑的态度，尤其是观察到自己肩膀变宽、背变厚、腿变粗的时候，确实感受到挫折与无力。怀疑自己为什么默默努力，却把自己变得越来越像“大块头”。“不想再练下去了！”“决定一辈子做有氧运动就好！”这样的念头也会萌生。

但另一方面，当我在做深蹲、引体向上的时候，我又非常想挑战更重的负重，觉得自己就是要变得强壮！坚信男生可以，女生也可以做到。漂亮的肌肉曲线、好看的臀形，才是我真正想追求的。

用自己的身体，实验变壮的可能

此外，现在的我投入健身领域很长一段时间，也反复拿自己的身体做实验，我认真地意识到——“肌肉没有普遍女生以为的那么好长大”。很大的原因是女性天生身体构造与男性不同。女性比男性少了使肌肉增长的激素。目前明确能促进肌肉生长的激素，包括雄性激素（Testosterone）与生长激素（Growth hormone），这两者也是健身界最常见的体能增强药物。而正常的男性性腺能制造充足的雄性激素，女性虽然也能产生雄性激素，但血中浓度仅是男性的1/15左右。

再者，如果你在健身房看到那些真的练得颇壮的女生，你完全无法想象她们平时是如何锻炼的！绝对不是一周练1～2次、一次5分钟、深蹲10kg就能打造出那样的二头肌，或是壮硕的肌肉线条。

“怕变壮”这个隐忧也是源于我们的社会，女性从出生就被灌输应该纤细、温柔，男性则是要阳刚、霸气。没有遵从这样既定形象的个体，无疑会遭受到莫大的社会压力。因此，在大部分鼓励女性健身的文章中，都必须再三强调“女生重训不会变成金刚芭比、不会变壮”等，才会有点击率，让女性愿意放下疑虑，踏入重训旅程。

突破既定审美观，重训是为了强壮

但是，我除了要说明女性变壮的不易之外，我也想告诉各位，不要被社会的框架绑住了——“重训的根本就是变得强壮有力”。当我去美国参加高强度运动课程时，我经常是体形最小的，体能介于中间值，且周围的女生散发的气场都是：“我就是要变壮！要有性感曲线！”在西方女性的审美观中，有丰满的翘臀、漂亮的手臂线条才是最美的。大家熟知的欧美健身达人惠特尼·西蒙斯（Whitney Simmons）就是最佳的例子。

当我又开始否定自己时，那些身材超爆好，又可以做到深蹲硬举接近百公斤的女孩，常常是激励我的对象。我觉得她们超帅又超辣！内心非常向往能跟她们一样。也很希望自己能渐渐变强，进化成能激励他人的理想榜样。

下方的对比图清楚说明，大量的重量锻炼，反而让我的身材越来越有女人味。在健身后期，我花了很多时间打造臀肌。也以我的身体证明，臀肌是可以后天练出来

▲ 2015 年，我只追求瘦，不但月经紊乱，身材也十分干扁。2018 年，重训 2 年，身材为 S 曲线，充满活力。

的。如果你无法突破体重迷思，害怕增加肌肉量，你的身形不会有太大变化。而有效的锻炼与饮食计划，缺一不可。

▲ 以上三位欧美健身达人，都是我认可的对象。（图片引用自网络）

现在开始最适合！用运动找到喜爱的自己

当然，每个人对“理想身材”的定义不一样，但我要告诉迟迟不敢跨出第一步的你，“现在”就是最好的开始时机，不需要等到瘦身成功了、找到健身房了、换工作环境了、有钱了才开始锻炼，其实你的身体早已经准备好，只是你的大脑在拖延。

克服困难，跨出不后悔的第一步

你可能有许多没办法开始增肌减脂的借口，例如没有健身房、没有厨房、生活忙碌等，但你的心里应该很清楚，这些都是有心就能克服的。也许你害怕投入后不会很快看见理想的成果，所以我要特别强调，体态转变都是以“年”为单位的。一个月两个月、一年两年，慢慢地前进。这当中其实可以做很多的努力，所以不要驻足不前，等老了才后悔。

我非常庆幸在大二的时候接触了健身，当我的同学都在大嗑垃圾食品、玩乐时，我选择在自己身上多做一些投资。我投资的不仅是外表，更是对健康的重视，还有更强大的意志力。

我深信，从“健身”学习到的一切，将陪伴我一生，并持续地在未来不同阶段，带给我意想不到的收获。如果你讨厌现在停滞不前的自己，总是懒惰、消极、不愿意付出的自己，此时此刻就是踏出第一步的最好时机，把不喜爱的现状、负面情绪化为动力吧！未来的你，会很感谢现在做出的决定。

A woman with a fit physique is more than just a hot body. It shows dedication, discipline, self-respect, patience and passion.

一个女性健美的身体，不只是代表着性感，更透露着她有着超越常人的专注力、自律、自我实现、毅力和热忱。

第1章

饮食观念篇

吃出健康体态必学！ May 的烹调理念与饮食方式

有别于西式健身餐，把家常菜也变得更健康吧！

首先，我要大力感谢大众对mayfitbowl的喜爱。第一本书推出至今，深受广大读者好评，我以热爱美食又想要好身材的心，呈现出一碗碗色彩缤纷又兼顾美味与营养的健康料理，成功打破了健身就必须吃难吃水煮餐的刻板印象。

第一本书主要收集了我2016—2018年上半年在网络上最受欢迎的mayfitbowl。刚开始接触健身的我，深受欧美健康饮食的影响，料理时习惯采用各式西式食材，如酪梨、藜麦、沙拉叶，西式香料如罗勒、迷迭香等，这些也都出现在我的食谱篇章中。从一个超爱吃中菜，如炒饭、水饺、面食的女孩，到将欧美健身餐转变成我的日常饮食，并搭配规律的运动，才得以大大改善我的泡芙身材。

之前，“中式＝不健康”的观念深深地烙印在我的脑中，一般我们常见的中式料理，会加入淀粉勾芡，或使用大量的酱汁和调味料，给人重油又重咸的不健康印象。选择外食的时候，我也会习惯性自动避开那些面饭类、小吃摊，纵使它们曾是我的最爱。

然而，我也不停地思考，就食材而言，营养是不会变的，如果“稍微调整烹饪手法与蛋白质和碳水的比例”，中式料理是否也能跳脱原本既定的框架，有更健康的可能性，让这些很符合我们平常口味的美食，达到符合健身族群的营养需求？就好比我在家吃妈妈做的家常菜时，我只盛半碗饭，尽量多吃维持原形的食物，选择蒸鱼、卤肉、煎蛋等蛋白质和炒时蔬等纤维，避免太多淀粉和高钠、高油的食物，其实这样也是健康的一餐！

第一本食谱书我帮助了许许多多在饮食方面非常彷徨的女性，有很多粉丝开心地和我分享她们身形转变的成果。另一方面，我也收到一些其他的反馈，例如：“买不到酪梨、沙拉叶怎么办？”“这样算下来一碗成本太高！”“健身一定要吃这样的口味吗？”

因此，考虑到许多读者买不到少见的进口食材，第二本书我想达到的目标就是，不一定要吃西式料理才能正确增肌减脂，并打破一定要“吃沙拉才能瘦”的刻板印象。

我期望能做到的是，以大众能接受的口味，融合源自欧美的增肌减脂观念，将这些饮食方法落实在我们的日常中，让好身材不再只是遥不可及的梦想。

在本书中呈现的料理，看似十分家常，但其中富含巧思，可以满足健身者所需的营养，且沿袭了上一本书中mayfitbowl秉持的风格，每一碗皆色彩缤纷，令人胃口大开，且使用的皆是一般超市可见的食材，搭配最简易的料理步骤来完成。希望人人都有潜力成为小厨神，即使是料理新手也都能做出美丽又健康的一碗健身餐！

好吃的秘诀！
健康的调味料和用油原则

我做中式菜肴时，绝对不使用淀粉勾芡，酱料也偏清淡。不同于坊间的家常菜食谱，每道菜都是在保有美味的同时研发改良后的健康版本！选购调味料和油品时，我会挑选有信誉的品牌且维持天然色泽、成分标示清楚的产品。

May的调味料挑选守则

☑ 外形与价格：

我认为玻璃瓶优于塑料瓶，高价位优于低价位。例如，传统酿造酱油是黑豆制成的，虽然价位较高，但相对营养价值最高。

☑ 成分：

以成分天然、无化学添加物为主。例如，传统酿造的酱油，只会添加食盐，不会添加任何化学成分，且发酵期较长，是我的唯一选择。然而，化学酱油就会添加“盐酸、苏打”等化学成分才能快速分解，以缩短制造时间。

☑ 气味：

纯酿造酱油打开时，会飘出天然酿造的豆香，但化学酱油不仅无豆香味，还有一股刺鼻味，不建议使用。

May的厨房必备调味料

我主要使用的调味料包括盐、黑胡椒、酱油、蚝油、味醂、米酒。为了兼顾美味，让健身餐不至于太过乏味、难以下咽，任何调味料都以“适量”为原则。在烹调时，可以用较浓郁的天然食材或辛香料增添风味，如番茄、菇类、葱、姜、蒜、辣椒、洋葱等，这就是我的中式料理口味虽偏清淡，但能满足各位吃货味蕾的秘诀。

除此之外，我也很爱用红椒粉腌渍肉品，不仅味道香，色彩也很鲜艳，让摆盘更美丽！红椒粉虽属西式香料，但一般超市都买得到，所以我在家常食谱中也会使用。

下面详细介绍我平时使用的调味料：

酱油

以植物性蛋白质，如大豆、黑豆为主要原料，并添加食盐、糖类、酒精、调味料、防腐剂等经加工而成。若烹饪时要少量使用，可以加入“黑豆酱油”。如果要大量使用，可以用中价位、黄豆制成的“酿造酱油”作为基底，再以少量“黑豆酱油”提升味道。

酱油膏

用黄豆加入淀粉如糯米粉、地瓜粉或玉米粉和砂糖或麦芽糖等增稠剂制成，使其带有黏稠感，滋味也偏甜，但相较一般酱油，少了酿造的香气。建议酌量使用，一次用量3~5mL。

蚝油

蚝油主要以牡蛎提炼的汁液为基底熬煮而成，浓稠度与酱油膏接近。蚝油的咸度较低且味道鲜甜，能让料理吃起来味道更醇厚，还能增加食物的鲜度。少许的蚝油搭配酱油一起入菜，还能降低酱油的“酸味”，煮出咸中带“甘甜”的口味。我建议酌量使用即可，一次用量3～5mL。吃素者需购买酱油或酱油膏添加香菇粉制成的“素蚝油”。

豆瓣酱

豆瓣酱取材于蚕豆和盐，再结合辣椒、五香粉等辛香料酿造而成。它本身是一种调味酱，由于通过微生物发酵而制成，所以具有丰富的营养价值！但因口味较重，所以建议一次不要使用过量。

红椒粉

红椒粉亦称为红甜椒粉、辣椒粉或干辣椒粉，是一种以红辣椒或红椒研磨而成的香料。在许多欧洲国家中，又特指以灯笼椒研磨成的粉末。红椒粉多用于增加食物的颜色和味道。红椒粉的味道各国也有差异，例如匈牙利的红椒粉是相当香甜的。

May的健康用油

随着生酮饮食的流行，大家开始认识到油脂的重要性！好的油脂对身体健康、大脑保养有益，也能增添风味。下面是我平时料理常用油类：

酪梨油

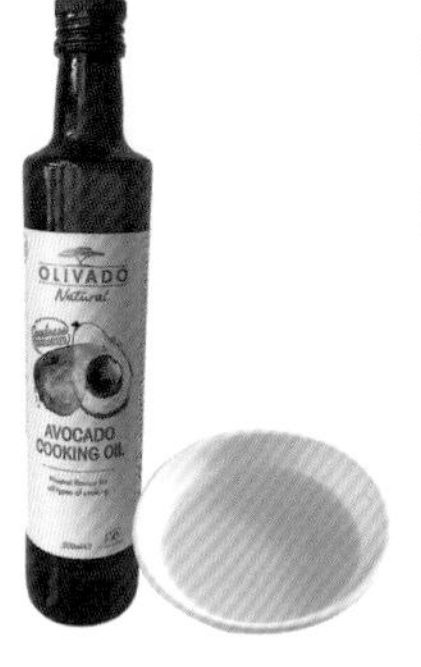

酪梨油是用酪梨果实压榨而成的植物油，富含优质的不饱和脂肪酸、维生素E、膳食纤维、镁、钾、叶酸等。优点是油温高，不仅能作为日常烹调用油，也非常适合烧烤等高温料理。

◀ 我经常在腌渍肉品煎、炒、烤的时候使用。它本身口感浓郁，但没什么特别的酪梨味，不敢吃酪梨的朋友也不用担心。

橄榄油

橄榄油是植物油的一种，由木犀科油橄榄的果实压榨而成，是地中海饮食中常出现的料理用油。橄榄油富含单元不饱和脂肪酸、类胡萝卜素、维生素 E 及具抗氧化力的酚化合物，对身体有许多益处！

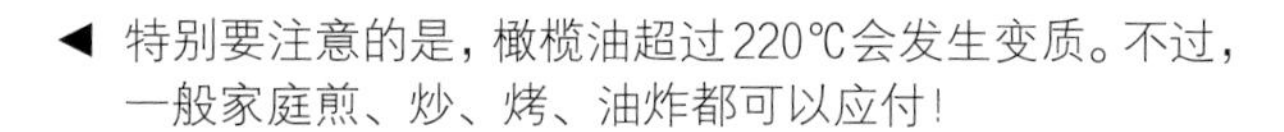

◀ 特别要注意的是，橄榄油超过220℃会发生变质。不过，一般家庭煎、炒、烤、油炸都可以应付！

麻油

麻油也是我个人很爱的烹调油。黑麻油较适合高温烹调；白麻油不耐高温，适合凉拌。芝麻富含维生素E、准木质素、钙、镁、钾、锌等矿物质，及亚麻油酸等营养素，对人体有益。

健康的关键！
不油不腻烹调妙方

若平时已经有习惯的烹调用油，其实不用刻意更换，反而是用量比例需要斟酌。由于油脂热量高，如果没控制好，很可能超标！尤其是减脂的人，在烹调过程中还是要留意，尽量用不油、较清爽的方式烹调。

烹调妙方 1：利用肉类逼出的油脂炒菜

这个方式是我跟名厨詹姆士学的技巧，他强调要利用加热过程中逼出的天然油脂或汤头，让料理风味更加融合，也能同时达到不浪费、健康的效果。我觉得这个非常好用，所以部分食谱（主要是鸡腿料理）会用本身鸡皮逼出的油脂来直接炒菜，菜也会特别香。鸡胸类的食谱则不建议，因为鸡胸去皮后就逼不出多余油脂，需另外倒3～5mL油。

烹调妙方 2：使用不粘锅以减少用油量

因为不粘锅的特性，在煎油脂较高的食材，如鸡腿、鲑鱼、培根等时，就会逼出多余油量，既不需要另外加油，也不会有粘锅的问题。若烹调油脂含量不高的肉类或蔬食，也可以将油的用量减少一些。

烹调妙方 3：肉类先腌渍能保有软嫩口感

以鸡胸肉为例，由于鸡胸肉本身缺乏油脂，口感较干涩，所以腌渍鸡胸肉时，我建议除了盐、胡椒等基本调味料外，还可以加入适量橄榄油或酪梨油，一片加入3～5mL，腌渍20分钟至数小时。这样，除了让鸡胸肉的表层形成薄膜锁住水分，口感更为软嫩好吃外，若是使用不粘锅，下锅煎就可以不另外倒油，或是只要倒少许油，使鸡胸肉上色。

吃法大不同！
增肌减脂热量摄取方法

简单来说，增肌饮食就是每日在热量摄取上摄入大于一日所需的热量，达到热量盈余，而减脂则是摄入小于一日所需的热量。那么，这两种“一日所需的热量”该怎么计算呢？

步骤 1 算出你的基础代谢率（BMR）

基础代谢率是指你在静止状态下每天所消耗的最低热量，也就是满足基本生存所需的代谢率，包括维持呼吸、心跳、血液循环、体温等生理活动所需的热量。

- BMR（男）=13.7× 体重（kg）+5.0× 身高（cm）-（6.8× 年龄）+ 66
- BMR（女）=9.6 × 体重（kg）+1.8× 身高（cm）-（4.7× 年龄）+655

步骤 2 估算每日总消耗热量（TDEE）

我们的人体每日总共会消耗的热量，又称为 TDEE（Total Daily Energy Expenditure），计算方式为将基础代谢率乘活动系数。以下是活动系数的参考：

- 久坐（办公室工作类型、没有运动） → × 1.2
- 轻度活动量（每周轻松运动 1~3 日 ） → × 1.3
- 中度活动量（每周中等强度运动 3~5 日） → × 1.55
- 高强度活动量（活动型工作 5~7 日） → × 1.725

步骤 3 制定增肌或减脂目标，调整摄取热量

- 目标是增肌 → 热量建议摄取超过 TDEE 的 5%~10%
- 目标是减脂 → 热量建议摄取低于 TDEE 的 10%~20%
- 目标是维持原本身材 → 热量建议摄取等同于 TDEE 的量

若不确定估算出的一日消耗量是否精准，另一个可靠的测量方法是先固定一个摄取的热量，再为期一段时间，观察自己的身体变化，量体重等，判断是否达到自己增肌或减脂的目标，再依状态做调整。

增肌期

进入增肌期后的饮食关键是每日摄取热量要大于 TDEE 200 ~ 300kcal（1kcal=4.1868J），若超过太多，增肥的概率就会高。增肌通常不可避免伴随脂肪上升，除非你本身体脂高或处于新手蜜月期，才可能同时增肌和减脂。

理想的增肌状况是，体重稳定小幅度上升，但不会特别感觉到腰围变粗，我们称为精瘦增肌（Lean Bulk），在最小化增加脂肪的情形下慢慢增肌。

达到预期的目标后，若希望持续增肌，就继续保持这个节奏。若想开始减少脂肪，那就减少碳水与让每日热量摄取小于 TDEE，进入减脂期。

减脂期

在减脂期的饮食，建议每日摄取热量要小于TDEE 200～300kcal。例如我的 TDEE为2000kcal，我的减脂期热量摄取就为1700kcal左右。

每餐的营养素比例，蛋白质尽量摄取在自身体重的1.5～2倍以上，以避免肌肉因热量赤字而流失。理想营养素比例为：碳水化合物35%～40%，蛋白质30%～40%，脂肪25%～30%。

也就是说，脂肪大概是总热量的1/4或更高，蛋白质量固定后，其余热量才留给碳水化合物！减脂期的碳水化合物摄取较少，建议把碳水化合物留在锻炼前后食用，作为锻炼前后的能量补充。

请问 May！怎样依目标和体脂来定制自己的饮食?

我想增肌而且不怕增脂，怎么吃?

若你天生属于吃不胖、想快速增肌且不怕增脂的人，除了可以吃高蛋白质、高热量的食物，可以大吃碳水，搭配重训，很容易增肌。简单来说，蛋白质的摄入量为每天每公斤体重1.5~2g。这类人不用太过控制饮食。但为了健康着想，碳水部分还是尽量以天然食物为主，长期吃过多不健康食品对身体有害。

想增肌但不想增脂，怎么吃?

想慢慢增肌，但尽量不想增加脂肪的你，同样可以吃高蛋白质的食物，但每日摄取热量稍微大于TDEE约200kcal即可。而碳水集中在锻炼前后吃，休息日吃低碳，锻炼日吃高碳。若你还是健身新手，一周保持锻炼3～5天，其实有机会同时达到增肌又减脂的双重功效。

体脂30%以上的女性、体脂25%以上的男性，该怎么吃？

这样的情况由于本身体脂较高，若你是健身新手，其实有很大的改造潜力！留意热量吃小于TDEE 200～300kcal，且搭配规律的锻炼，减脂能有成效，甚至有机会同时增肌减脂。

体脂20%～25%的女性、体脂15%左右的男性，该怎么吃？

这类型的人本身没有太多脂肪，需要先用增肌提高基础代谢率，才有利后续减脂。建议每日先吃等于或稍高于TDEE的热量，并搭配规律的重训，持续几周到几个月后，再开始减脂。如果一开始就减脂，吃得太少，很容易流失肌肉，体态也不会紧实。

体脂15%～20%的女性、体脂10%左右的男性，该怎么吃？

这样的类型可能是过瘦，或是运动员的紧实体形了。除非你要比赛，或刻意想瘦成人干，否则没有必要再继续减脂。可以开始增肌或维持现状。

▶ 充分运动搭配均衡饮食，才是打造美好体态的唯一途径。

专栏 1

女性体脂小于 15%，当心月经不来或怀孕困难

现在的女性都追求越瘦越好的身材，但不要因为过度迷信体脂低而失去自己的健康，否则得不偿失。外表是其次，健康是首要目的！

体脂过低会造成的三大问题

① 皮肤干燥

由于体脂率和激素有密切关系，若体脂过低，容易导致内分泌失调，使皮肤变得干涩、脱屑。

② 经期紊乱或停经

体脂过低时，身体会以为自己处于饥饿状态而启动防卫机制，把营养集中在重要的器官，而放弃生殖功能，严重一点儿还会导致不孕。

③ 免疫力变差

体脂过低会让人体对外来病菌失去辨别能力，变得更容易生病。

May 叮咛！找回月经的三个步骤

① 恢复热量摄取

热量过低是月经不来的主因。食物的摄入不可低于自己的基础代谢率。

② 吃高蛋白质、高脂肪食物

每日应摄取 3 ~ 6 份的蛋白质，一份大约为女生半个手掌大，如豆腐、肉类、鱼类、蛋类，都是不错的选择。油的选择上，多吃鱼油、酪梨油、橄榄油等优质脂肪，牛、猪、鸡的油脂也可以搭配着吃。

③ 停止过度锻炼

许多想快速瘦身者会在短期内大量运动，却又没有补充适量营养和好好休息，因此激素水平受到影响。建议循序渐进，勿突然过度激烈运动。先让身体适应，再提高频率和强度，一周至少休息 1 ~ 2 天。

若以上方法都无效的话，请找专业医师诊断治疗。

跟着 May 吃！
间歇断食、反转饮食与补碳日

平日这样吃！间歇断食

我曾经是“早餐吃得像国王”的拥护者。早上我喜欢吃面包、燕麦片、优格、酪梨、蛋、水果等。通常早上起床7—8点就开始进食了。塞了一堆食物后，血糖快速上升又下降，到10—11点又开始饿，只好再吃点儿东西。不知不觉，即使我吃得很健康，我的早餐平均热量也高达600～700kcal。这让我剩下的两餐必须非常克制，不然很容易让一日摄取热量爆卡！

间歇断食，简单来说就是控制一整天可以进食的时间。一开始尝试间歇断食，主要是在网络上看到葛格（Peeta）的影片。根据研究，我们人体中存在着自噬细胞，会把一些垃圾细胞清除，而当我们在断食的时候，可以活化这些自噬细胞。

这样的理论，完全颠覆我对早餐重要性的认知。所以，那么爱吃早餐的我，决定以自身来实验。刚好2018年4月我面临减脂大关，实行一般的低碳饮食法仍无法让我顺利减脂。于是我开始间歇断食，搭配一周3～5天的运动，体重渐渐稳步下降，最显著的是，一直以来最难减的腰围脂肪，竟一下子减了不少！

当然，只要控制进食的时间，也可以依照自己的状况决定省略午餐或晚餐。不过还是要提醒大家，一般早餐通常比较不均衡，蔬菜少、淀粉高，蛋白质也少，选择吃早餐的人，必须多注意饮食均衡的问题。

间歇断食的执行原则　16／8 的饮食时段限制

间歇断食要秉持的原则，就是把禁食／进食时段区分成16／8。简单而言，就是将一天进食时间压缩在8小时内。其他的16小时是不能摄取热量的，只能摄取如黑咖啡、茶、水、盐等无热量的食物，豆浆、牛奶、高蛋白都不行！常见的实施方式是“不吃早餐”，例如晚上8点前结束进食，隔日中午12点后再开始进食。

至于适合执行的对象，我认为一般人都适合，有在锻炼者、特别想减脂的人，也都很推荐采取这样的饮食方式。

间歇断食的好处　精神好、自我约束力佳

我认为断食最大的好处是更容易制造热量缺口！省略早餐，意味着我的一日热量可以分配

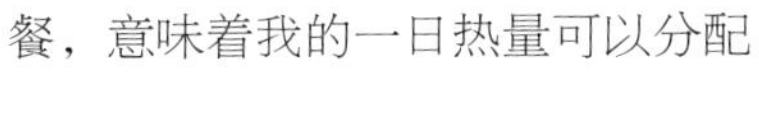

在中餐及晚餐，一餐可以吃得饱饱的，摄取600～800kcal都没问题，一日热量仍能控制在减脂的热量范围内。

此外，我觉得早上精神变得更好了！因为血糖没有上下波动的情况，我不会感到昏昏欲睡、精神不振，能够保持较好的专注力与处理事情的效率。从前习惯吃早餐的我，会感到饿是正常的，尤其到了早上10—11点，我会非常渴望食物，但只要撑过去之后，就不再那么感觉到饿了。

通过间歇断食，我觉得自我约束力也提升了。现代人的生活充斥着食物，许多人每两三个小时就要进食，并把它当作常态。然而，回溯老祖先的狩猎时代，可能好几天都没有吃，却能保持精壮身形！尝试断食让我感受到自己重新获得自我的主控权，并重新思考我与食物之间的关系。其实，我们并不需要无时无刻都处于进食的状态。

科学上来讲，则是能提高胰岛素敏感度，包括有效利用葡萄糖和脂肪作为燃烧脂肪的助力。它可以降低发炎、增强对氧化压力的抵抗力，有助于保护神经与保存肌肉组织，帮助我们刺激生长激素。生长激素有提高肌肉质量、降低体脂肪、增加骨密度的效果，让你不怕在断食期间流失肌肉。

请问 May！执行间歇断食的疑问

正在锻炼的人，执行上有其他需注意的吗？

一位瑞典健身及营养教练Martin Berkhan曾大力宣扬间歇断食的好处，他指出建议遵循的饮食事项：

1. 执行间歇断食仍须摄取高蛋白质。摄入量为一天每公斤体重1.5~2g。
2. 将热量集中在“锻炼后”摄取。如果你习惯晚上锻炼，建议吃晚餐，早餐不吃。
3. 有锻炼的当天，以“低脂高碳水”为主，休息日以“高脂低碳水”为主。
4. 饮食上多摄取原形食物，避开加工食物。

由于锻炼日需要补充较多能量，摄入的碳水可以有效被肌肉利用。没锻炼时建议减少碳水量，以免血糖升高囤积脂肪，饥饿时可以多吃富含优质脂肪的食物增加饱腹感。

空腹可以运动吗?

早上空腹经过一夜禁食，肝糖被消耗殆尽，这时候做有氧运动，可以使身体调动脂肪提供能量，而非仅消耗刚摄进的食物，对燃脂效果佳。然而运动的选择上，建议以低强度有氧为主，如快走、脚踏车、滑步机，并达30分钟以上、45分钟以下。如果不舒服建议立即停止或补充糖分。尚未养成运动习惯者勿轻易尝试。

间歇断食会不会让肌肉流失?

许多研究证实，断食能刺激生长激素大量分泌（有提高肌肉质量、降低体脂肪、增加骨密度的效果），使身体在热量缺乏的状态下竭力保护肌肉组织不流失。当然，不掉肌肉的前提是保有力量锻炼以及高蛋白质饮食。

女性若进行间歇断食，有特别需注意的吗?

女性的激素水平对于缺乏食物的讯号较为敏感，刚开始接触断食的女性可以先从每天断食12~14小时开始，一周选2天，身体习惯了再慢慢提升强度至16小时。注意：长时间的断食可能对生育能力有负面影响。

May还有在实施间歇断食吗?

如果陷入“减脂平台期”，我还是会加入间歇断食，而且只要我每次搭配低糖饮食+一周2~3次的间歇断食，身体都会瘦一圈！然而，我必须坦承，在旅游，或在工作、念书压力大时，较难严格实施断食。

现在，我偶尔晚上吃太多，隔天早上就会吃小分量早餐（约300kcal），或进行断食，让身体稍微休息，减少负担。

假日这样吃！反转饮食

假设一位想减脂的读者，本身TDEE为1600，那按照前文观念，他必须每天吃很少才能瘦。的确，饮食上维持低热量，才能有效减少体脂肪，然而长期下来，大脑会发出一个“身体快饿死了！”的警讯，这时热量的消耗量会减少，让你更难瘦下来，陷入“减脂平台期”，甚至复胖。

所以这时，适当加入反转饮食，有点儿类似于“欺骗餐（cheat meal）”的概念，对于目标减脂的人，是很有帮助的！

维持一周热量赤字 反转饮食的执行原则

反转饮食（Reverse diet）不代表完全可以放纵大吃，若毫不控制，可能会让一周的努力白费。例如连续5天热量赤字300kcal，平日即累计赤字300×5=1500kcal，但到了周末，一天吃4000～5000kcal，一次暴走的热量盈余就大于平日累积的总赤字，这样反而会让减脂陷入停滞。

“反转餐”总摄取的热量，大约等于或稍大于TDEE的量，欺骗身体它还好好活着，没有试图要把自己饿死，来提升热量的消耗。举例来说，连续5天赤字300kcal，平日累计赤字300×5 = 1500kcal，周末若有一天吃得稍多，超过TDEE 200～300kcal，这样一周下来总热量也还是处于赤字状态（除了热量平衡的守则外，也要留意吃进去的食物需有70%～80%以健康、无加工的食物为主）。

偶尔这样吃！补碳日

首先，你必须要知道，长期执行“低热量饮食”是不可行的，很饿加上心情不好、情绪暴躁，新陈代谢也会大幅减缓，更容易复胖，变成肌少症的泡芙人。

对于很爱吃碳水的人，告诉你一个好消息！据研究，偶尔一餐吃高碳水化合物，可以让“瘦体素”活跃分泌，肌肉的肝糖存量上升，帮助我们储存更多高强度肌力锻炼的能源。一周1～2餐吃高碳水化合物，搭配运动，可以增加能量消耗、恢复情绪，还能加速消除脂肪，对减重陷入停滞期的人来说可以多加尝试。

注意：**如果长期摄取大量碳水化合物，这套机制会失调，反而让身体的瘦素抗性增加。**

适当补充需要的能量 补碳日的执行原则

碳水是人体的能量来源，就算是执行低碳的时候，偶尔也要摄取适量碳水，才有足够的能量做锻炼。补碳日时可以趁机吃一些自己爱吃的碳水，例如1～2碗饭、2～3片面包等，但不建议“过量”摄取高糖分精致加工食物。一天的碳水化合物摄取量只要控制在200克内即可，如果是平常很认真运动、肌力很高的人，还可以吃得更多。（专家建议，要吃的高碳水化合物应以低脂为主。高碳水＋高脂只会让胰岛素升高，并使身体产生暂时性的胰岛素抗性。）

至于补充的方式，喜欢吃饭的人，可以大口吃饭了！适合用来补碳的食物包括米饭、淀粉类；蔬菜如马铃薯、地瓜、芋头。补碳日若是吃外食，可以选择寿司、日式丼饭、火锅、美式汉堡、西式炖饭等。

综合 3 种饮食法，看见理想曲线

前文3种饮食法搭配起来实践，不仅能有效减脂减重，且容易实践在一般人的生活中。简单来说，平日以“低碳”的轻断食方式，有助于增加瘦体素受体数量，再通过间歇断食，可以恢复身体对瘦体素的敏感度。

假日定期加入摄取低脂高碳水化合物的“补碳日”，就能维持新陈代谢的高速运转。锻炼的人，能量消耗最大的“臀腿锻炼日”，也适合拿来补碳。

专栏 2

培养直觉性饮食
不需斤斤计较热量

不知道各位有没有类似的经验：很在意所吃食物的热量、营养等，每次吃东西总是感觉到被限制，结果反而增加对食物的欲望，大吃之后又谴责自己，进入无限轮回的负面循环。

近几年来，在低糖、生酮饮食蔚为风潮之时，其实直觉性饮食（Intuitive eating）可作为一种“可持续性”的饮食方式。直觉性饮食并不归属于任何饮食方式，它的重点是：聆听身体的声音。每个人都有天生的直觉和来自生物本能的欲望，所以要遵循你的心和身体需求去择食。

直觉性饮食认为许多饮食法会失败的原因在于：它们有太多框架，导致许多人达不到标准或摄取食物时会感到愧疚，长期下来会让人与自己脱节，如果当身体感到饥饿时不断压抑饥饿感，反而可能导致暴饮暴食。

“有意识地吃，又不过于限制自己”或许是一种更接近生活、更符合大众的饮食方式。然而考虑到健康，直觉性饮食也提倡在想吃什么就吃什么之外，也要意识到你吃进了什么，例如，蔬果、蛋白质、淀粉。总之，要学会与食物和平相处。没有绝对好与不好的食物，差异只在于，每种食物提供了不同比例的营养，但它是否适合你当下的身体状况？

◀ 要有意识地吃东西，
也能吃外食偶尔放纵一下。

专栏 3

糙米或白米？能不能吃米饭？

很多人都会把糙米跟健康、白米跟不健康画上等号。事实上，白米和糙米相比，热量、碳水化合物、蛋白质相差不大，只是糙米的脂肪、磷、钙、维生素 B_1 和膳食纤维稍高于白米，营养价值比白米高一点点，但这不代表白米需要完全戒除。即使是在减脂，我的一餐也时常搭配半碗饭（糙米、白米、藜麦都吃）。白米容易被人体吸收的特性，能在锻炼前后提供很棒的能量来源，让我更有力气。

我也曾经是一口饭都不碰的女孩，但最多执行 3 ~ 4 天，我就会反弹大嗑碳水。后来我意识到，“均衡”才是长久之道。经过营养学家证实，吃饭有利于肠道好菌繁殖，更可以让肌肤变好，避免失去水分与弹性。如果是在控制血糖者或久坐族，建议优先选择糙米。但一般有运动习惯的成人，还是可以搭配适量白米饭，作为运动以及修补肌肉组织的燃料及碳水来源。

专栏 4

May 的一周备餐小技巧

备餐时，建议大家**每餐大概抓“一个手掌大小”的肉类（蛋白质）和“一个拳头大小”的淀粉和高纤蔬菜**。

为了省时，建议可以选 1 ~ 2 种主食，例如烤鸡胸、烤鲑鱼、蒸鸡腿肉或煎牛排。料理工具也尽量简单，让料理步骤能尽量简化。

配菜部分，可以用水煮或清炒的烹调方式，调味尽量简单，不要加过多芡或酱料，总之，将比较重口味的主食搭配清爽的配菜，加上增加饱腹感的淀粉如糙米饭、南瓜、地瓜等，就是健康的常备料理。

料理做好后，稍微冷却，然后放入冰箱冷藏，并于 3 ~ 4 天内食用完毕。熟食冷冻的话，可放至 1 个月，要吃时取出并微波加热，但可能会影响口感。我自己还是习惯准备当天和隔天的量，早上起来煮午餐，多余的分量当晚餐或留到隔天吃。腌渍肉类时，我常会腌渍较多分量，冷藏可放 2 ~ 3 天，若放入保鲜盒中冷冻，最多可放长达 1 ~ 2 个月，然后在要吃的前一晚，可事先移至冷藏，隔天早晨再取出退冰即可烹调食用。

第2章

饮食实践篇

运用清爽烹调方式与高蛋白食材，跟May一起为自己备餐！

鸡胸肉绝对是健身达人必备的食材！高蛋白、低脂肪的特性，不论增肌还是减脂都很适合，通过正确的方式烹调，也不怕吃到硬柴的口感。跟着May做做看，味道一定会让你惊艳！

中式清炒时蔬鸡丁

一锅到底 

用冰箱剩余的蔬菜和软嫩的鸡胸丁快炒，以最简单的调味带来最大的满足，满满蛋白质和丰富的纤维质，一次补够！

热量414.6卡 | 蛋白质43.7克 | 糖类53.9克 | 膳食纤维7.8克 | 脂肪2.2克

材料

鸡胸肉	1片（150克）
洋葱	1/4个
胡萝卜	1/3个
茄子	1/2条
秋葵	3~5根
大蒜	1~2瓣
红葱头	1~2头
糙米	40克

腌料

盐	适量

调味料

盐	适量
黑胡椒	适量

准备

1. 鸡胸肉洗净切小块，以**腌料**加少许水（50毫升），腌渍20分钟。
2. 大蒜与红葱头切末。
3. 蔬菜皆洗净。洋葱切丝；胡萝卜切3~5毫米厚的圆形薄片，可再对切或切1/4。
4. 茄子切块，泡在盐水中防止氧化；秋葵去蒂头，斜切成片。
5. 将糙米洗净。糙米与水的比例为1：1.1，外锅放1杯水，入电锅蒸约40分钟后，取出半碗糙米饭备用。

做法

1. 平底锅倒1小匙油，以中大火热锅后下大蒜和红葱头爆香。
2. 将腌过的鸡胸肉沥干水分，下锅煎至7~8分熟后盛起。
3. 用剩下的鸡汁炒蔬菜。以中火先下洋葱炒软后，将其余蔬菜全部下锅，倒半碗水盖锅盖焖煮3~5分钟至蔬菜变软，再稍微加盐和黑胡椒调味，倒回鸡肉拌炒一下，即可起锅。
4. 快炒料理配上半碗糙米饭，营养又美味！

吃货May说

清炒的蔬菜很随意，可以依自己喜好和冰箱现有食材调整。泡过水的鸡胸肉一定要记得擦干水分，否则下锅时会溅油。

古早味

麻油木耳鸡胸

和木耳拌炒的鸡胸肉低卡又有饱腹感，加入1小匙麻油增添风味，最后与辣椒一同快炒，香气迷人，是很下饭、增进食欲的一道料理！

吃货May说

木耳含有丰富的膳食纤维、蛋白质、维生素D和铁质，从中医的角度来看，是适合减重者的补养圣品，用于煮汤、凉拌、煎炒都很适合。

材料

鸡胸肉	1片（150克）
木耳	3~5片
芥兰菜	1把
鸡蛋	1个
糙米	40克
姜	适量
干辣椒	1个

腌料

盐	适量
黑胡椒	适量
橄榄油	适量

调味料

黑麻油	1小匙
米酒	1大匙
盐	适量
黑胡椒	适量

准备

1. 鸡胸肉洗净切小块，以**腌料**腌渍10~15分钟。干辣椒切段，备用。
2. 蔬菜洗净。木耳去蒂头，切约5毫米宽条；芥兰菜去粗纤维，切段；姜切丝。
3. 将糙米洗净。糙米与水的比例为1：1.1，外锅放1杯水，入电锅蒸约40分钟后，取出半碗糙米饭备用。

做法

1. 平底锅以中小火热锅，倒1小匙黑麻油，放入姜丝煸香，再下鸡胸肉拌炒至7~8分熟。
2. 加入木耳、米酒和干辣椒，转大火拌炒，再放入适量的盐和黑胡椒调味，即可起锅。
3. 煮一个半熟蛋。准备一锅水，从冷水开始以大火滚煮蛋约7分钟后，关火泡1分钟，取出冲冷水，冷却后剥壳，切半备用。
4. 另煮一锅水，水滚后丢入芥兰菜，加入1小匙盐（分量外）煮2~3分钟，取出放凉备用。
5. 将麻油木耳鸡胸、水煮芥兰、蛋和糙米饭装碗，健康午餐上桌。

热量594.2卡 | 蛋白质53.9克 | 糖类60.1克 | 膳食纤维23.9克 | 脂肪13.4克

电锅

柠香蒸鸡胸

没有煎炒锅和烤箱，也能用“蒸”的方法做出美味鸡胸肉！带有柠檬香气的鸡胸肉吃起来很清爽，带去学校和公司也可以当作午餐，取代油腻腻的排骨便当。

材料

鸡胸肉	1片（180克）
鸡蛋	1个
小黄瓜	1/2根
小番茄	4~5个

腌料

盐	适量
黑胡椒	适量
柠檬	1/4个
酪梨油	适量

准备

1. 鸡胸肉洗净擦干，加入**腌料**中的盐、黑胡椒，挤入柠檬汁后，腌渍至少15~20分钟。
2. 小番茄和小黄瓜洗净。小番茄对半切，小黄瓜斜切成薄片。

做法

1. 将腌好的鸡胸肉表面淋上酪梨油，和鸡蛋一同放入电锅中，外锅放一杯水，蒸约15分钟。待开关自动跳起后用叉子戳表面，确认有没有熟。

   小贴士 加适量的油会在鸡肉表面形成薄膜，防止肉在蒸的过程中流失水分而变得干柴。蒸好后用叉子或筷子戳入肉中，如果可以顺利穿透就表示已经熟了。

2. 鸡胸肉切块、水煮蛋切半后，和小黄瓜、小番茄一同摆盘，即完成。

吃货May说

腌料中的柠檬挤出的汁有除去鸡肉腥味的作用。若喜欢蒜味，也可以在鸡胸肉上加些蒜末，放入电锅一起蒸，让香气的层次更加丰富。

热量300.4卡 | 蛋白质51.2克 | 糖类8.1克 | 膳食纤维1.8克 | 脂肪6.1克

May独创

奶油酱烧双菇鸡胸丼饭

喜欢吃中式烩汁又怕胖？May发明这道料理，用金针菇的黏液制造浓稠口感取代传统勾芡，调味上只用1小匙酱油，低钠又有饱腹感。

吃货May说

金针菇含丰富膳食纤维，还能降血脂、降胆固醇。奶油可依个人喜好添加。

材料

鸡胸肉	1片（150克）
洋葱	1/2个
杏鲍菇	2小根
金针菇	1/2包
鸡蛋	1个
糙米	40克
大蒜	1~2瓣
葱	1~2根

腌料

盐	适量

调味料

酱油	1小匙
无盐奶油	1小匙

准备

1. 鸡胸肉洗净后切成小块，以**腌料**加少许水（50毫升）腌渍15~20分钟。
2. 杏鲍菇切片；金针菇去蒂头，对切；洋葱切丝。
3. 大蒜切末；葱洗净，切葱花。
4. 将糙米洗净。糙米与水的比例为1∶1.1，外锅放1杯水，入电锅蒸约40分钟后，取出半碗糙米饭备用。

做法

1. 平底锅以中火倒少许油，腌过的鸡胸肉先擦干水分后再下锅煎，两面各煎1~2分钟，最后快速拌炒一下即可盛起。
2. 用同一锅以中火下洋葱丝，拌炒至洋葱透明、变色后，放入杏鲍菇和金针菇炒软，再倒入酱油和蒜末，用小火炖煮3分钟，起锅前加无盐奶油拌一拌增添香气，撒上葱花，即可起锅。
3. 另煮一锅水，水滚后撒适量盐（分量外），用汤匙快速在锅中绕出一个小漩涡，在漩涡中心滑入鸡蛋后转小火，2分钟后，至喜好的熟度，捞出完成水波蛋。

   小贴士 蛋事先打入碗中，再沿着碗缘加入少许水，能让煮蛋时蛋黄固定在中间，水波蛋更漂亮。
4. 在饭上铺满鸡胸肉和酱烧菇，加水波蛋完成。

热量552.8卡 | 蛋白质50.1克 | 糖类75.1克 | 膳食纤维12.9克 | 脂肪6.8克

古早味 

健康版盐水鸡

外面的盐水鸡大多使用不新鲜的鸡肉，调味上也高钠、重口味。自己在家动手做最安心、美味，还可以加入各种喜欢的蔬菜！

吃货May说

蔬菜可以换成自己喜欢的。蒸出来的鸡汁是精华，不要倒掉，否则很可惜！

材料

鸡胸肉	1片（180克）
龙须菜	1/2把
玉米笋	5根
胡萝卜	1/2个
秋葵	3~4根

腌料

盐	适量
黑胡椒	适量
大蒜	1~2瓣

调味料

盐	1小匙
白胡椒粉	适量
黑麻油	1小匙

准备

1. 蔬菜洗净。龙须菜去梗；玉米笋、秋葵对半斜切；胡萝卜削皮后切3~5毫米厚的薄片。**腌料**中的大蒜切片。
2. 鸡胸肉切成块状，加入**腌料**，静置10分钟。

做法

1. 电锅外锅放半杯水，再放入腌过的鸡胸肉，蒸10~15分钟后将鸡胸肉取出，保留鸡汁备用。
2. 等待蒸鸡胸肉的同时煮1锅水，加1小匙盐，水滚后先煮胡萝卜2~3分钟，再加入秋葵和玉米笋煮1~2分钟，最后下龙须菜煮1~2分钟，一起捞出备用。

   小贴士 建议的蔬菜水煮时间：切薄片的根茎类5~7分钟；秋葵、玉米笋、青花椰3~4分钟；叶菜类如龙须菜、地瓜叶1~2分钟。
3. 取出蒸鸡胸肉，和蔬菜一起淋上鸡汁、黑麻油，撒上盐、白胡椒粉，健康版盐水鸡完成。

热量336.2卡 | 蛋白质51.5克 | 糖类17.9克 | 膳食纤维7.7克 | 脂肪6.6克

葱爆宫保鸡丁蒟蒻面佐皮蛋蛋丝

May独创

用蒟蒻面代替一般面条，配上香辣的宫保鸡丁和满满蛋丝，外加1个皮蛋，让人直呼过瘾！一口接一口停不下来。

热量573.5卡 | 蛋白质63.4克 | 糖类30.9克 | 膳食纤维5.0克 | 脂肪21.6克

材料

鸡胸肉	1片（120克）
皮蛋	1个
鸡蛋	2个
蒟蒻面	1包
葱	1~2根
干辣椒	1把

腌料

盐	1小匙

调味料

盐	1小匙
酱油	1小匙
米酒	1小匙
豆瓣酱	1小匙

准备

1. 鸡胸肉洗净后切小块，泡水，再加1小匙盐浸泡15分钟。

   小贴士 用盐水浸泡，可以使肉质软嫩。

2. 将葱洗净，切成段；干辣椒切段。
3. 将2个蛋打入碗中，加1小匙盐拌一拌。
4. 将市售现成的皮蛋剥壳，切块。

做法

1. 平底锅加1小匙油，中火热锅后加豆瓣酱炒香。
2. 将腌渍好的鸡胸肉沥干水分并入锅，再倒入酱油、米酒与干辣椒，转中大火拌炒。
3. 炒至鸡胸肉变色，加葱段爆香，即可起锅。
4. 接着制作蛋丝：平底锅倒1小匙油，以中小火热锅，再倒入蛋液，摇晃锅柄使蛋液均匀分布，稍待15~20秒后，用筷子将蛋的两边向中间折成蛋卷，起锅放凉，切丝即可（图❶~图❸）。
5. 蒟蒻面用热水拌一拌捞起。在碗中放入蛋丝、蒟蒻面和鸡丁，加1个现成的皮蛋，完成。

吃货May说

虽然蒟蒻面低卡又有饱腹感，但不建议餐餐都将其作为主食。蒟蒻面在这道料理中也可以用全麦面代替。

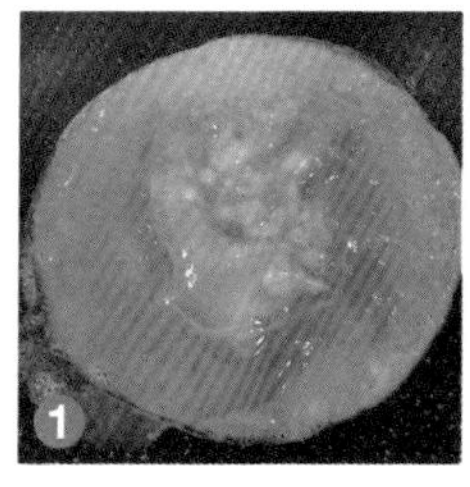
1

2

3

快速简单 

泡菜起司鸡胸丼饭

用盐水泡过的鸡胸肉很嫩，加入起司可增添浓郁的香气。一个人的时候，最喜欢吃这道简单又美味的料理。

吃货May说

泡菜含有对肠道有益的益生菌，也富含维生素A和B族维生素，以及矿物质如钙质、铁质，和鸡胸肉一起拌炒，开胃又健康。

材料

鸡胸肉	1片（180克）
青花椰	1/2个
泡菜	40克
低脂起司	1片
白米饭	1/2碗
芝麻	少许

腌料

盐	1小匙

准备

1. 鸡胸肉洗净后切成小块，加入**腌料**和50毫升水后拌匀，腌渍10~15分钟。
2. 青花椰洗净，切小朵，去外皮。

做法

1. 平底锅开中火，倒入1小匙橄榄油，热锅后下鸡胸肉，两面各煎1~2分钟后下泡菜翻炒（图❶）。
2. 炒至鸡胸肉8~9分熟，变色入味后转小火，在上面盖1片低脂起司，15秒后，起司开始熔化，拌匀，起锅（图❷）。
3. 另煮一锅水，水滚后丢入青花椰，加入1小匙盐煮3分钟，取出备用。
4. 在白米饭上铺上泡菜炒鸡胸、青花椰，撒上芝麻，轻松完成美味的一餐。

热量489.1卡 | 蛋白质58.1克 | 糖类52.6克 | 膳食纤维7.0克 | 脂肪4.5克

低糖减脂

时蔬番茄双菇鸡胸暖汤

天冷的时候想吃一碗暖汤？May教你不用鸡汤块，还能在15分钟内做出暖心又营养的番茄鸡汤。用冰箱剩余的蔬菜，一次补足纤维和蛋白质。用姜熬煮过的汤头可让你迅速恢复元气，活力满满！

材料

鸡胸肉	1片（150克）
牛番茄	2个
洋葱	1/4个
玉米笋	3根
秋葵	3根
鸿喜菇	1包
金针菇	1包
姜	1~2片
葱	1~2根

腌料

盐	适量
黑胡椒	适量
酱油	1小匙
米酒	1/2小匙

准备

1. 鸡胸肉切小块，加入**腌料**拌匀后，冷藏腌渍1~2小时。若没时间，可以简单抓腌并静置15~20分钟。
2. 蔬菜洗净。牛番茄切块；菇类去蒂头，切小块；洋葱切丝；葱切5厘米长段，葱白和葱绿分开；姜切片。

做法

取一小锅水，放入牛番茄块、葱白、姜片，大火滚水煮5~10分钟后，再下鸿喜菇、洋葱、玉米笋、秋葵，转中火炖煮2~3分钟，最后下鸡胸肉、金针菇，煮3~5分钟，撒点葱绿后熄火即可。

吃货May说

鸡胸肉煮太久很容易变得老、不好吃，建议起锅前3分钟再下鸡胸肉即可。这款食谱没有使用鸡汤块，如果家里有卤包或现成鸡汤，可以加入让汤头更浓郁。

热量422.8卡 | 蛋白质50.6克 | 糖类52.4克 | 膳食纤维15.3克 | 脂肪2.4克

May独创

盐葱鸡胸饭佐牛番茄小黄瓜

清爽版的盐葱鸡胸饭，是用橄榄油代替一般食谱使用的色拉油和香油。鸡胸取代鸡腿，更加低卡。彻底满足爱吃鸡肉饭的你。

吃货May说

番茄中的茄红素和β-胡萝卜素属于脂溶性营养素，用少许油炒过后，人体更好吸收。

材料

鸡胸肉	1片（180克）
蛋	1个
牛番茄	1/2个
小黄瓜	1/2根
姜	1~2片
葱	1~2段
糙米	40克

腌料

盐	适量
黑胡椒	适量
橄榄油	适量

盐葱酱

葱花	1/2碗
姜末	1大匙
蒜末	1大匙
橄榄油	1大匙
麻油	1大匙
盐	适量
黑胡椒	适量

准备

1. 鸡胸肉以腌料抓匀后，冷藏腌渍1~2小时。
2. 蔬菜洗净。牛番茄切片，小黄瓜斜切成薄片。
3. 将糙米洗净。糙米与水的比例为1:1.1，外锅放1杯水，入电锅蒸约40分钟后，取出半碗糙米饭备用。

做法

1. 腌好的鸡胸肉放入电锅，外锅加半杯水蒸约15分钟，开关跳起后取出放凉，再切成片。锅里的鸡汤汁保留备用。
2. 制作盐葱酱：平底锅加橄榄油和麻油，冷油的时候下姜末炒至上色，再放入蒜末炒上色后下葱花，接着马上关火，用余温拌炒，再加入少许鸡汤汁、盐和黑胡椒，完成盐葱酱。
3. 平底锅以中小火热锅，放少许橄榄油后，下番茄片煎至上色。
4. 盐葱鸡配上半碗糙米饭、煎番茄与小黄瓜，美味又健康。

热量747.4卡 | 蛋白质56.7克 | 糖类46.1克 | 膳食纤维5.9克 | 脂肪37.1克

姜丝嫩煎鸡肉佐南瓜葱蛋

超级简单的姜丝嫩煎鸡肉是我平时常做的高蛋白料理，火候是关键，煎到两面金黄中间微粉红，口感嫩嫩的超好吃！搭配姜丝可暖胃促消化！

吃货May说

南瓜葱蛋带有南瓜自然的甜味。南瓜刨得很丑也没关系，好吃就好！

材料

鸡胸肉	1片（150克）
青花椰	1/2个
南瓜	100克
鸡蛋	2个
糙米	40克
葱	1~2根
姜	1~2片

腌料

盐	适量
黑胡椒	适量
橄榄油	适量

调味料

盐	适量
黑胡椒	适量

准备

1 将鸡胸肉切成薄薄的小块，以**腌料**抓腌，静置15~20分钟。

2 南瓜用削皮刀或削皮机削皮，切成宽3~5毫米的丝状。

3 青花椰洗净，切小朵和去外皮；姜切丝备用。

4 葱切葱花，放入碗中，再加入盐、黑胡椒和鸡蛋液，打匀备用。

5 将糙米洗净。糙米与水的比例为1∶1.1，外锅放1杯水，入电锅蒸约40分钟后，取出半碗糙米饭备用。

做法

1 平底锅倒少许油，以中小火煸姜丝至金黄，再下鸡胸肉，一面煎1~2分钟后用筷子翻炒，最后转小火，盖锅盖焖15秒即可起锅。

2 制作南瓜葱蛋：平底锅倒少许油后，以中小火炒南瓜丝至软，可在过程中加少许水。再下准备好的葱蛋液，转小火。先不要将蛋翻面，稍等1~2分钟后，慢慢用木铲将蛋卷起盛盘，放凉切块。

3 另煮一锅水，水滚后丢入青花椰，加入1小匙盐（分量外）煮3分钟，取出放凉备用。

4 配上糙米饭半碗，完成。

热量599.8卡 | 蛋白质62.3克 | 糖类62.9克 | 膳食纤维11.5克 | 脂肪11.9克

蒜煎鸡柳佐胡萝卜高丽菜和溏心蛋

快速简单 

加了大量蒜末的鸡胸肉煎起来蒜味十足，是May的招牌鸡胸肉料理。
搭配家常炒高丽菜和半熟溏心蛋，最美味。

热量497.2卡 | 蛋白质52.4克 | 糖类56.2克 | 膳食纤维7.4克 | 脂肪6.9克

材料

鸡胸肉	1片（150克）
高丽菜	1/4棵
胡萝卜	1/3根
鸡蛋	1个
大蒜	1~2瓣
糙米	40克

腌料

盐	适量
黑胡椒	适量
蒜末	大量

调味料

小辣椒	1条
盐	适量
米酒	适量

溏心蛋卤汁

酱油	100毫升
米酒	80毫升
味醂	50毫升
大蒜	1~2瓣
姜片	1~2片
水	1/2碗

准备

1 鸡胸肉洗净擦干切条状，加**腌料**，静置20分钟。

2 剥去高丽菜外层的老叶和损伤部分，将叶片洗净后切块。

小贴士 高丽菜也可以用手撕成小片，以保留其纤维和口感。

3 胡萝卜切2毫米厚薄片后再切半；大蒜拍扁；小辣椒切小段。

4 将糙米洗净。糙米与水的比例为1：1.1，外锅放1杯水，入电锅蒸约40分钟后，取出一碗备用。

做法

1 平底锅倒少许油，以中小火热锅后煎鸡胸肉，两面各煎2分钟至表面金黄，再翻炒至肉熟时盛起。

2 同一锅再倒少许油，以中火热锅后下大蒜和胡萝卜，炒至软后放入高丽菜，加米酒盖锅盖焖煮20~30秒，待焖熟后加入适量的盐调味，快速拌炒一下，起锅摆盘，完成！

3 制作溏心蛋：准备一锅水，放入蛋开中大火，加1小匙盐（分量外），水滚后计时6～8分钟取出，泡冰水降温剥壳，再浸泡于溏心蛋卤汁中，放冰箱冷藏静置数小时至一夜。

小贴士 若蛋要半熟，水煮6～7分钟，全熟则煮8～10分钟。加盐的用意是如果蛋壳裂开，盐可以凝固蛋白质。溏心蛋可一次多煮一些，但3~4天内要食用完毕。

4 全部装碗摆盘，完成。

吃货May说

大蒜不仅好吃，对身体也有很多益处，可以增强免疫力、防止心血管疾病！

咸蛋金针菇
毛豆炒鸡胸

古早味 

竟然有咸蛋健康料理！利用大家爱吃的咸蛋，自创一碗非常对味的健康料理，浓郁香气非常下饭，健康又营养。

热量556.8卡 ｜ 蛋白质61.4克 ｜ 糖类53.2克 ｜ 膳食纤维12.5克 ｜ 脂肪11.6克

材料

鸡胸肉	1片（150克）
毛豆	20克
金针菇	1/2包
青花椰	1/2个
咸蛋	1个
糙米	40克
大蒜	1~2瓣
青葱	1~2根

腌料

盐	适量
黑胡椒	适量
酪梨油（或橄榄油）	适量

调味料

盐	2小匙

准备

1. 鸡胸肉洗净后切小块，以腌料腌渍10~15分钟。
2. 蔬菜洗净。金针菇去梗，对切后拨小块；青花椰切小朵和去外皮；大蒜切蒜末；青葱切成葱花。
3. 咸蛋分成蛋黄和蛋白，分别切碎。
4. 将糙米洗净。糙米与水的比例为1∶1.1，外锅放1杯水，入电锅蒸约40分钟后，取出半碗糙米饭备用。

做法

1. 平底锅倒少许油，以中小火热锅后煎鸡胸肉，两面各煎2分钟至表面金黄，再翻炒至肉约8分熟时盛起备用。
2. 煮一锅沸水加1小匙盐，煮毛豆和青花椰2~3分钟后，分别放凉备用。
3. 用同一煎肉的平底锅，倒少许油，先炒咸蛋黄和蒜末，加半碗水用木匙拌匀至浓稠，再加入金针菇、毛豆和蛋白，转小火慢慢煮至滚后，下煎过的鸡胸肉拌炒，使其与酱汁融合，最后加葱花，翻炒一下即可起锅，和糙米饭、青花椰一起享用（图❶、图❷）。

吃货May说

咸蛋本身带有咸味，料理过程不用另外加调味料味道就很够！咸蛋相较一般鸡蛋钠含量高，一天最多吃1个就好。

❶

❷

电锅

蒜蒸香菇青椒焖鸡

只用一个电锅就能完成的料理！主角是富含维生素C的青椒和香菇，和鸡胸肉一起入电锅蒸熟，加了大蒜后蒜味四溢，令人胃口大开。

吃货May说

若蒸鸡胸肉口感稍嫌干涩，可以换成鸡腿肉。蒸的时间建议为30~40分钟。

材料

鸡胸肉	1片（180克）
干香菇	2朵
新鲜香菇	2~3朵
青椒	1/2个
鸡蛋	1个
白米饭	1/2碗

腌料

盐	适量
黑胡椒	适量
米酒	1大匙
大蒜	2~3瓣
酱油	1大匙

调味料

酱油	1小匙

准备

1. 鸡胸肉洗净，切块，以**腌料**腌渍15分钟。
2. 干香菇泡水15~20分钟。香菇水留半碗，加1小匙酱油，做成香菇酱油水。
3. 青椒洗净。干香菇、新鲜香菇和青椒皆切块。

做法

1. 将切块的新鲜香菇、泡水香菇、青椒和腌渍后的鸡胸肉放在碗中，加入香菇酱油水后放入电锅，外锅放1杯水，蒸15~20分钟。
2. 打开锅盖，在碗外放1个鸡蛋，一同再蒸15~20分钟后，取出暖暖的蒜蒸鸡胸肉和鸡蛋。
3. 水煮蛋剥壳，和白米饭、蒸物依序装碗摆盘即完成。

热量586.3卡 | 蛋白质61.3克 | 糖类65.0克 | 膳食纤维9.9克 | 脂肪6.5克

九层塔快炒鸡胸

色彩缤纷的中式快炒料理，加了红黄彩椒、九层塔点缀，既营养满点又可促进食欲，令人食指大动。

吃货May说

一般人对快炒的印象总是很油腻，这道料理使用最简单清爽的调味，加入九层塔增加风味，有画龙点睛的作用。

材料

鸡胸肉	1片（150克）
洋葱	1/2个
红椒	1/2个
黄椒	1/2个
鸿喜菇	1/2包
鸡蛋	1个
糙米	40克
九层塔	1把
辣椒	1个
大蒜	1~2瓣

腌料

盐	适量
黑胡椒	适量
橄榄油	适量

调味料

米酒	适量

准备

1. 鸡胸肉洗净，切块，以**腌料**腌渍15分钟。
2. 蔬菜洗净。洋葱切丝；红椒、黄椒切块；鸿喜菇去蒂头并剥散；九层塔洗净取叶子部分；辣椒切圆片；大蒜切末。
3. 将糙米洗净。糙米与水的比例为1:1.1，外锅放1杯水，入电锅蒸约40分钟后，取出半碗糙米饭备用。

做法

1. 平底锅倒少许油，以中小火热锅后下洋葱炒香，下鸡胸肉，一同拌炒至表面上色。
2. 同锅再倒入红椒、黄椒和鸿喜菇，倒入米酒炒至上色后，开火与九层塔、蒜末和辣椒一同翻炒至香气四溢，起锅。
3. 煎一个荷包蛋。再配上快炒鸡胸和半碗糙米饭，吃得太过瘾了！

热量543.5卡 | 蛋白质52.8克 | 糖类66.6克 | 膳食纤维10.2克 | 脂肪7.6克

听到健身餐，大家多半想到的就是鸡胸肉，虽然May也是狂热的鸡胸肉爱好者，但口感柔嫩的鸡腿肉也是May很爱用的食材。虽然脂肪含量较鸡胸肉高，但只要不摄取过量，一样是很棒的高蛋白食材。尤其是在练腿或运动量比较大的日子里，当然要来点儿丰盛的鸡腿餐犒赏自己。

葱烧鸡腿时蔬大杂烩

一锅到底 

这道也是偶然利用冰箱剩菜变出的一道料理。鸡腿肉经过简单的腌渍后，加入五颜六色的蔬菜，一起拌炒后，超方便又美味！

热量546.1卡 | 蛋白质37.4克 | 糖类57.7克 | 膳食纤维9.4克 | 脂肪17.7克

材料

去骨鸡腿肉	150克
玉米笋	3根
秋葵	3根
红椒	1/2个
金针菇	1/2包
葱	1~2根
糙米	40克

腌料

蚝油	1小匙
酱油	1匙
米酒	1/2匙
蒜头	1~2瓣

调味料

盐	适量
黑胡椒	适量

准备

1 去骨鸡腿肉去除多余油脂，切成易入口大小，可依喜好保留部分鸡皮。以**腌料**腌渍20分钟。若时间充足，放冰箱冷藏数小时更佳。

2 蔬菜洗净。红椒切块；金针菇去梗后对半切；葱切葱花。

3 将糙米洗净。糙米与水的比例为1：1.1，外锅放1杯水，入电锅蒸约40分钟后，取出半碗糙米饭备用。

做法

1 玉米笋和秋葵先以滚水煮2~3分钟，放凉后玉米笋切斜段，秋葵纵切半。

2 取平底锅开中火，冷锅下鸡腿，轻压表面使其受热均匀，煎3~5分钟，至两面金黄，中间8~9分熟（图❶）。

3 倒入红椒、金针菇和水煮过的玉米笋、秋葵，加半碗水拌炒到快收干时，撒上盐和黑胡椒调味，最后熄火前撒上葱花，即可起锅（图❷）。

4 配上半碗糙米饭，完成。

吃货May说

这道菜很适合煮一大锅，全家人一起享用，蛋白质和膳食纤维一次补足。

一锅到底 

金黄脆皮鸡腿佐清炒芦笋

外皮煎得焦脆的鸡腿肉最好吃了！鸡腿逼出的天然油脂不要倒掉，留着炒芦笋，增加整碗膳食纤维量！

吃货May说

芦笋的营养价值极高，含丰富的叶酸、维生素A和膳食纤维，多吃可以降血压、防癌，单加水、盐清炒就很鲜甜。

材料

去骨鸡腿肉	1片（150克）
芦笋	1个
紫洋葱	1/8个
藜麦白米	45克

腌料

盐	适量
黑胡椒	适量
大蒜（拍扁）	1~2瓣

调味料

盐	适量
黑胡椒	适量

准备

1. 鸡腿肉以**腌料**涂抹均匀后，静置20分钟，若时间充足，可放冰箱冷藏数小时。
2. 蔬菜洗净。芦笋削皮；紫洋葱切丝，泡冰水10~15分钟。
3. 准备藜麦饭：白米（或糙米）混合藜麦后，以冷水冲洗2~3次。洗净后加水，水位稍微淹过藜麦和米的表面后放入电锅，外锅加1杯水，蒸到开关跳起，约40分钟。再闷10分钟后，取出半碗备用。

做法

1. 平底锅转中火，以冷油下鸡腿肉，带皮面朝下，一面煎3~4分钟翻面，煎至金黄酥脆后起锅。可用筷子戳，若顺利戳透且没有渗出血水，表示已经熟透。

   小贴士 过程中可用锅铲轻压，使其受热均匀。若是使用不粘锅，可不加油直接煎。

2. 用同锅中的鸡油炒芦笋。以中小火下芦笋，加少许水炒熟，加盐和黑胡椒调味后即可起锅。
3. 配上半碗藜麦饭，以紫洋葱装饰，摆盘即完成。

热量476.0卡 | 蛋白质37.7克 | 糖类38.6克 | 膳食纤维5.8克 | 脂肪18.8克

电锅

奶油酒蒸鸡腿

超级简单的奶油酒蒸鸡腿，非常适合料理新手！轻轻一夹就骨肉分离的鸡腿肉是我的最爱，带点儿奶油蒜香和酒味，真的很美味！

材料

去骨鸡腿肉	1片（180克）
洋葱	1/2个
青花椰	1/2个
辣椒	1/2个
葱	1~2根
糙米	40克

腌料

盐	2小匙
胡椒粉	适量
大蒜（拍扁）	2瓣
米酒	1匙

调味料

无盐奶油	1块

准备

1. 鸡腿肉洗净，切大块，以腌料均匀按摩，冷藏腌渍半小时以上。
2. 葱和辣椒洗净。葱切成葱花；辣椒切末。
3. 蔬菜洗净。洋葱切丝；青花椰切小朵，去外皮。
4. 将糙米洗净。糙米与水的比例为1:1.1，外锅放1杯水，入电锅蒸约40分钟后，取出半碗糙米饭备用。

做法

1. 在可放入电锅的碗中，依序摆上洋葱丝、鸡腿、无盐奶油和辣椒末，电锅外锅放1碗水，入电锅蒸约半小时，待开关自动跳起后，再闷5~8分钟即可取出。在表面撒上葱花，完成（图1）。
2. 另煮一锅水，水滚后放入青花椰，加入1小匙盐（分量外）煮3分钟，取出作为配菜。
3. 配上半碗糙米饭，完成。

吃货May说

微辣的口味吃起来很过瘾。如果不能吃辣，也可以不加辣椒。

热量758.8卡 | 蛋白质45.8克 | 糖类63.6克 | 膳食纤维11.8克 | 脂肪36.2克

葱爆杏鲍菇鸡腿丼饭

一锅到底

用酱油腌过的鸡肉，经过快炒后香气扑鼻。再加入大量的葱和菇，不仅纤维量足够，而且下饭又好吃！

热量 439.6 卡 ｜ 蛋白质 36.2 克 ｜ 糖类 36.0 克 ｜ 膳食纤维 9.0 克 ｜ 脂肪 17.5 克

材料

材料	用量
去骨鸡腿肉	160克
洋葱	1/2个
杏鲍菇	2小根
葱	2根
姜	3片

腌料

材料	用量
盐	适量
黑胡椒	适量
酱油	1匙

调味料

材料	用量
米酒	适量
盐	适量
黑胡椒	适量

准备

1. 鸡腿肉洗净，去除多余油脂，去皮切块，以**腌料**冷藏腌渍1小时以上，如果可以腌渍一夜，风味更佳。
2. 蔬菜洗净。洋葱切丝；杏鲍菇切块；葱分别切成3~5厘米的葱白段和葱绿段。

做法

1. 平底锅倒少许油，以中小火稍微煸香姜片后，下鸡腿肉，2~3分钟后翻面，煎至7~8分熟起锅备用（图❶）。
2. 用鸡腿煸出的油脂炒葱白和洋葱，以中火翻炒，再加米酒炒至洋葱呈半透明时，下杏鲍菇炒至变软、变色时将鸡腿肉倒回锅拌炒，撒葱绿，并加盐、黑胡椒调味即可熄火装盘（图❷）。

小贴士 鸡腿肉会出很多油，把剩余的油拿来炒菜，就不需另外加油。

吃货May说

杏鲍菇是低脂高纤的健康食材，蛋白质量高于一般的蔬菜，且杏鲍菇含丰富的膳食纤维，可以帮助排便。

蜂蜜姜烧鸡肉葱丼

May独创

超简单又美味的蜂蜜姜烧鸡肉葱丼，滑上完美的水波蛋，今天开始，小厨神就是你。来碗超好吃的美味丼饭吧！尝过后再也不想吃别家的丼饭！

热量634.9卡 | 蛋白质40.3克 | 糖类70.5克 | 膳食纤维5.3克 | 脂肪21.2克

材料

去骨鸡腿肉	1片（150克）
洋葱	1/2个
鸡蛋	1个
葱	2根
姜	1~2片
白米饭	1/2碗

腌料

酱油	1大匙
姜	3片
蜂蜜	1小匙

调味料

盐	1小匙

准备

1. 用研磨器将腌料的姜磨成泥，与1小匙蜂蜜和1大匙酱油搅拌均匀。
2. 将鸡腿肉洗净，去除多余油脂，去皮切块，以**腌料**腌渍20分钟。
3. 洋葱和葱洗净。洋葱切丝；葱切末。

做法

1. 平底锅下少许油，炒鸡腿肉至8~9分熟，起锅备用（图❶）。
2. 用同一锅的鸡腿油炒洋葱至透明后，把鸡腿倒回锅中一起拌炒，最后下葱末，快速拌炒起锅（图❷）。
3. 制作水波蛋：煮一小锅沸水，加1小匙盐，用汤匙快速在中心绕出一个小漩涡，在漩涡中心滑入鸡蛋后转小火，等2分钟左右捞出。

   小贴士 蛋事先打在碗中，再沿着碗缘加入少许水，能让煮蛋时蛋黄固定在中间，水波蛋更漂亮。煮滚后注意一定要转小火，冒泡的状态容易将蛋煮散，形状不好看。

4. 在碗中依序放入白米饭、鸡腿肉和水波蛋，美味健康的丼饭上桌！

吃货May说

如果没有蜂蜜，可以用味醂或糖取代。

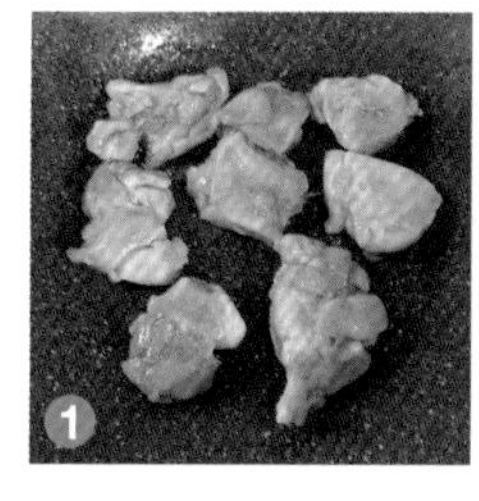

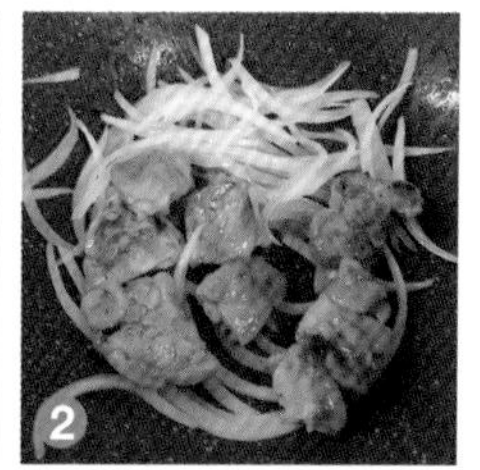

红椒煎鸡腿肉佐青花椰起司蛋

快速简单

微辣的红椒鸡超对我的胃口，青花椰起司蛋是我自创的美味组合，加片起司增添风味，是令人大满足的营养健身餐！

热量758.5卡 | 蛋白质57.9克 | 糖类53.0克 | 膳食纤维9.6克 | 脂肪35.7克

材料

去骨鸡腿肉	1片（160克）
青花椰	1/2个
鸡蛋	2个
低脂起司片	1片
糙米	40克
大蒜	1~2瓣

腌料

盐	适量
黑胡椒	适量
红椒粉	约5克
蜂蜜	1小匙
大蒜（拍扁）	1~2瓣
橄榄油	3~5毫升

调味料

盐	1小匙
黑胡椒	适量

准备

1. 鸡腿肉切块后洗净擦干，抹上**腌料**冷藏腌渍1～2小时。
2. 青花椰洗净，去外皮，切小块；大蒜切片。
3. 将2个鸡蛋的蛋液打入碗中，加盐、黑胡椒打匀，用手将低脂起司片拨成小块，加在蛋液中备用。
4. 将糙米洗净。糙米与水的比例为1∶1.1，外锅放1杯水，入电锅蒸约40分钟后，取出半碗糙米饭备用。

做法

1. 以中火热平底锅，倒1匙油煎鸡腿肉，一面煎1～2分钟至表面呈金黄色，再转小火盖锅盖焖1～2分钟，确认中间熟后，起锅备用。

   小贴士 煎的时候用锅铲压一下，使其受热更均匀。

2. 制作青花椰起司蛋：利用同锅中的鸡汁炒青花椰，加半碗水、1小匙盐和大蒜持续拌炒至软，可以盖上锅盖焖15～20秒使青花椰软化。接着倒入起司蛋液，静置10～20秒再开始慢慢拌炒，炒至蛋液8分熟、起司熔化后即可盛起（图❶）。
3. 在碗中放入半碗糙米饭、红椒鸡肉和青花椰起司蛋，完成。

吃货May说

炒青花椰时加半碗水比较容易软。也可以先用滚水煮2~3分钟后，再下锅炒。

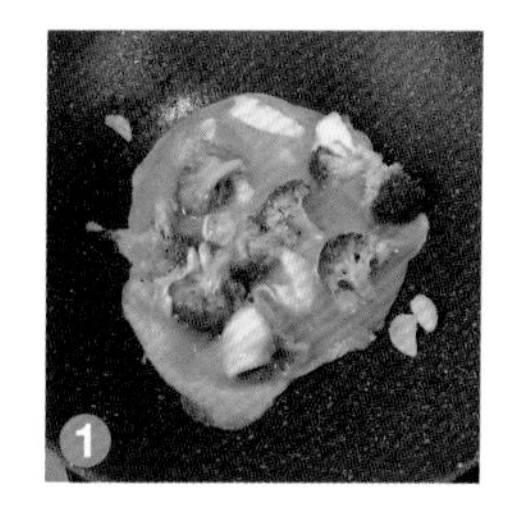

白菜卤鸡腿

电锅 

用一个电锅就能搞定的白菜卤鸡腿，绝对是懒人必学料理。
操作简单，营养又美味！

热量604.5卡 | 蛋白质44.3克 | 糖类60.2克 | 膳食纤维11.5克 | 脂肪20.8克

材料

去骨鸡腿肉	1片（180克）
白菜	1/2个
胡萝卜	1/2个
干香菇	2朵
糙米	40克
葱	1~2根
姜	1~2片
大蒜	1~2瓣

腌料

盐	适量
黑胡椒	适量
蚝油	1小匙

调味料

酱油	1大匙

准备

1. 鸡腿肉洗净，切块，以**腌料**腌渍，冷藏1小时以上。
2. 干香菇泡水15分钟，取出沥干切成小块，香菇水留着备用。
3. 蔬菜洗净。白菜去梗，剥成小块；胡萝卜削皮，切滚刀块。
4. 葱洗净，切葱段；姜切成片。
5. 将糙米洗净。糙米与水的比例为1：1.1，外锅放1杯水，入电锅蒸约40分钟后，取出半碗糙米饭备用。

做法

在大碗中放入葱段、姜片、大蒜、白菜、胡萝卜与香菇，最后再铺上鸡腿肉，淋1大匙酱油和香菇水，外锅放一碗水，入电锅蒸约40分钟，待电锅开关跳起即可享用（图❶）。

1

吃货May说

大白菜含有丰富的维生素C、钾、镁、非水溶性膳食纤维等营养素，营养价值超级高。它是低成本的减重食材，用来卤肉、煮汤都很合适。

古早味芋头焖鸡

这道堪称是我的拿手菜，关键是将蔬菜炒香，和米饭、麻油一起焖煮，煮出来的米饭Q弹，带有麻油香气。跟煮得软烂的芋头拌在一起吃，口齿留香，一口接一口停不下来！

热量813.0卡 | 蛋白质40.3克 | 糖类99.0克 | 膳食纤维14.7克 | 脂肪28.4克

材料

去骨鸡腿肉	1片（150克）
芋头	1/2个
胡萝卜	1/2根
洋葱	1/4个
干香菇	2朵
糙米	40克
大蒜	2瓣
葱	1~2根

腌料

盐	适量
黑胡椒	适量
酱油	1大匙

调味料

盐	适量
黑胡椒	适量
麻油	5~10毫升

准备

1. 鸡腿肉洗净，切小块，以腌料腌渍，冷藏静置20分钟以上。
2. 蔬菜洗净。芋头和胡萝卜去皮，切成易入口的小块；洋葱和大蒜切末；葱切葱花。
3. 干香菇泡水10~15分钟，取出沥干切小块备用，香菇水留半碗备用。
4. 糙米洗净，泡水15~20分钟，沥干备用。

做法

1. 平底锅加1小匙油热锅，以中火下洋葱炒香后，加入鸡腿肉和蒜末，炒至鸡腿肉两面上色时，加入芋头、胡萝卜和香菇，拌炒出香气后，加盐和黑胡椒调味，起锅备用（图❶）。
2. 将泡软的糙米装在可入电锅的大碗中，平底锅的料倒入碗内，再倒入半碗香菇水，淋少许麻油，拌一拌入电锅蒸40分钟（图❷）。

   小贴士 蔬菜容易出水，泡糙米的水可先稍微沥掉。
3. 电锅开关跳起后再闷5~10分钟，撒上葱花即可上桌。

吃货May说

芋头属于根茎类食材，纤维量比白米高4倍，具有高纤维和强饱腹感的双重优势。

电锅 

麻油蒸鸡腿

冬天，想来一碗暖暖的麻油鸡，只要有一个电锅就可以！就算是没有厨房也可以制作。

吃货May说

黑麻油具有补中益气、滋养五脏的功效，富含维生素E与不饱和脂肪酸，也能抗衰老、保护心血管。

材料

去骨鸡腿肉	1片（180克）
绿葱	1~2根
糙米	40克

腌料

蚝油	2小匙
米酒	1小匙
酱油	1小匙
姜片	2~3片

调味料

黑麻油	2小匙
酱油	2小匙

准备

1. 鸡腿肉洗净切块，加腌料拌一拌，放入冰箱冷藏腌渍1小时以上，腌渍一夜，风味更佳。
2. 葱洗净，切细丝。
3. 将糙米洗净。糙米与水的比例为1：1.1，外锅放1杯水，入电锅蒸约40分钟后，取出半碗糙米饭备用。

做法

取出腌过的鸡腿肉，淋上黑麻油及酱油，直接放入电锅。外锅放一杯水，蒸30~40分钟，待开关跳起，取出撒上绿葱丝，配半碗糙米饭，超适合冬天要增肌的健身达人。

热量604.4卡 | 蛋白质38.8克 | 糖类41.3克 | 膳食纤维3.6克 | 脂肪30.0克

电锅

南瓜毛豆鸡肉双菇饭

一个电锅就能做出媲美餐厅的南瓜炖饭！用少许酱油带出南瓜自然的甜味，毛豆和鸡肉搭配起来，是超优秀的蛋白质组合。

材料

鸡腿肉	1片（150克）
南瓜	120克
毛豆仁	30克
鸿喜菇	1/2包
干香菇	2朵
糙米	40克
大蒜	1~2瓣

腌料

盐	适量
黑胡椒	适量

调味料

酱油	1小匙

准备

1. 鸡腿肉切小块，以**腌料**抓腌20~60分钟。
2. 糙米洗净泡水20分钟，沥干水分。
3. 毛豆仁洗净；南瓜洗净，切小块。
4. 干香菇泡水15分钟后，取出沥干切薄片，香菇水留着加1小匙酱油，做成香菇酱油水。

做法

在大碗中，依序放入泡软的糙米、南瓜块、大蒜、毛豆仁、鸡腿肉和香菇，再倒入香菇酱油水。放入电锅后，外锅放一碗水，蒸约40分钟待开关自动跳起，打开锅盖拌一拌，香喷喷完成（图❶）！

小贴士 因南瓜和菇类容易出水，蒸的过程中若发现蒸出来的水分淹过表面，建议先将一些水倒出，再继续蒸。

吃货May说

南瓜皮的营养价值很高！有丰富的膳食纤维，可帮助排便，所以把皮削掉很可惜，建议留着皮一起放进电锅蒸。

热量596.5卡 | 蛋白质41.6克 | 糖类68.3克 | 膳食纤维12.9克 | 脂肪17.9克

海鲜料理

看起来很难处理的海鲜，其实只用简单的烹调方式，一样可以轻松完成美味料理！低卡高蛋白的海鲜，对于想要增肌减脂的健身达人来说，是不可多得的好物！不但含有丰富的Ω-3脂肪酸等对心血管有益的优质油脂，还能摄取到各种不同矿物质、维生素，营养价值非常高。

鲑鱼排佐莎莎酱

一锅到底 

煎得酥香的鲑鱼排，配上清爽开胃的番茄莎莎酱，
吃不腻的美味组合，一定要学起来！

热量782.3卡 | 蛋白质59.6克 | 糖类52.7克 | 膳食纤维13.3克 | 脂肪38.3克

材料

鲑鱼	1片（160克）
青花椰	1/2个
鸡蛋	1个
糙米	40克

腌料

盐	适量

莎莎酱

紫洋葱	1/4个
番茄	1/4个
柠檬	1/4个
橄榄油	1小匙
盐	适量
黑胡椒	适量

调味料

盐	适量
黑胡椒	适量

准备

1. 鲑鱼洗净，拿纸巾吸干多余水分后，两面皆抹上少许盐。
2. 青花椰切小朵，去外皮。
3. 将糙米洗净。糙米与水的比例为1∶1.1，外锅放1杯水，入电锅蒸约40分钟后，取出半碗糙米饭备用。

做法

1. 开大火热锅，不放油，待锅变热后直接将鲑鱼放入锅中，转为中火，盖上锅盖焖煎约4分钟，再翻面续焖煎4分钟，若还没熟透，再继续翻面，煎至鲑鱼两面呈金黄色即可起锅（图❶、图❷）！

   小贴士 若使用的不是不粘锅，建议放少许油再煎。鲑鱼大小决定煎的时间！煎鲑鱼时切忌一直翻动，如果厚度较厚，可以将侧面压在锅底煎一下。
2. 用鲑鱼逼出的油炒青花椰。开中火，放入青花椰和半碗水焖熟，再撒点盐、黑胡椒，快速拌炒。
3. 制作莎莎酱：紫洋葱切丝泡冰水，15分钟去呛味后再切丁；番茄切丁。在碗中加橄榄油、番茄丁、紫洋葱丁、盐、黑胡椒，挤柠檬汁搅拌完成。
4. 煮半熟蛋。锅中冷水开始以中火滚水煮蛋约7分钟，关火泡1分钟，取出冲冷水，剥壳备用。
5. 鲑鱼配上莎莎酱，摆盘青花椰、蛋和糙米饭。

吃货May说

鲑鱼含有丰富的单元不饱和脂肪酸，还提供人体必需脂肪酸“EPA”和“DHA”，具有清血、降低胆固醇、预防心血管疾病的功效。此外，鲑鱼中的维生素D可帮助钙质吸收，能有效代谢脂肪。

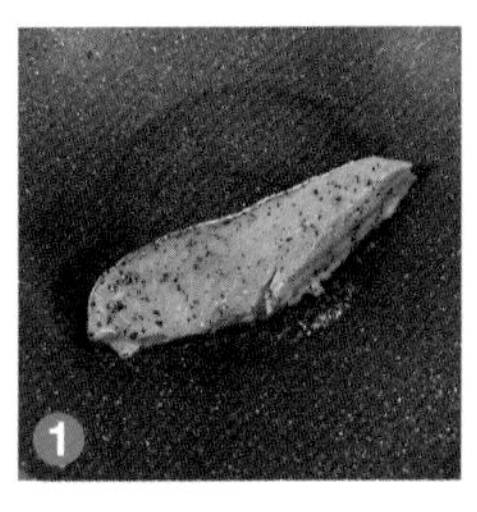
❶

❷

快速简单 

鲑鱼藜麦葱蛋炒饭

冰箱里有吃剩的煎鲑鱼，或是分量不大的小块鲑鱼吗？把鲑鱼煎过后拨成小碎肉，拿来做美味高蛋白的蛋炒饭，幸福感爆棚。

吃货May说

蛋液炒过后带有诱人的香气，加上酱油香，粒粒分明的鲑鱼炒饭完全能满足你对淀粉的欲望。

材料

鲑鱼	120克
藜麦	20克
白米	30克
红椒	1/2个
鸡蛋	2个
葱	1~2根
大蒜	1~2瓣

腌料

盐	适量
黑胡椒	适量

调味料

盐	1小匙
酱油	1小匙

准备

1. 蔬菜洗净。红椒切丁；葱切末；大蒜切末。
2. 鸡蛋液全数打入碗中，加1小匙盐打匀。
3. 鲑鱼以**腌料**腌渍，放冰箱冷藏1~2小时。
4. 准备藜麦饭：白米（或糙米）混合藜麦后，以冷水冲洗2~3次。洗净后加水，水位稍微淹过藜麦和米的表面后放入电锅，外锅加1杯水，蒸到开关跳起，约40分钟。再闷10分钟后，取出半碗备用。

做法

1. 开中火热锅，不用加油，待锅变热后直接将鲑鱼放入锅中，切忌一直翻动，中火慢焖3~4分钟，再翻面续焖煎4分钟，若还没熟透，再继续翻面，煎至鲑鱼两面呈金黄色即可起锅。用叉子压成鲑鱼碎，挑出鱼刺。
2. 平底锅倒1匙橄榄油，以中火热锅后倒入蛋液快速拌炒，待蛋液凝固成块后，加入藜麦饭和蒜末炒香，再倒入红椒丁和鲑鱼碎拌炒，加少许酱油调味，撒上葱末即可熄火起锅，完成美味炒饭。

热量555.1卡 | 蛋白质43.5克 | 糖类30.5克 | 膳食纤维5.5克 | 脂肪29.1克

电锅

酒蒸鲷鱼水煮蛋丼饭

只用电锅，也能做出低成本的高蛋白健康餐！鲷鱼的肉质软嫩细致，配上酱油超下饭！

材料

鲷鱼	160克
姜	3片
鸡蛋	2个
糙米	40克
葱	适量
洋葱	1/2个
小黄瓜	1/2条

调味料

米酒	1/2大匙
酱油	1大匙
味醂	1小匙

准备

1 鲷鱼切成易入口的片状。

2 将糙米洗净。糙米与水的比例为1∶1.1，外锅放1杯水，入电锅蒸约40分钟后，取出半碗糙米饭备用。

3 蔬菜洗净。葱切葱花；姜切丝；洋葱切丝；小黄瓜斜切成片。

做法

1 将洋葱铺在碗中，摆上鲷鱼片、姜丝，加米酒、酱油、味醂。碗外放鸡蛋，同入电锅蒸10~15分钟。

2 取出煮好的蛋泡冰水，剥壳切块。在糙米饭上用筷子铺上鱼片，倒入鱼片蒸出的酱汁，摆上水煮蛋块，撒上葱花，完成。

3 加上小黄瓜片，补充一餐纤维。

吃货May说

可以直接在超市买到处理好的鲷鱼片，对于不擅长烹调海鲜或是外宿的人来说，是很方便的选择。

热量557.6卡 | 蛋白质48.7克 | 糖类55.3克 | 膳食纤维4.0克 | 脂肪16.2克

快速简单 

香煎鲭鱼佐培根花椰菜

鲭鱼营养价值高。培根本身有咸味，调味不用太多，配上双色花椰菜，色彩和美味都满分。

吃货May说

鲭鱼的营养价值非常高，除了含铁、钙等丰富矿物质、B族维生素、维生素D外，其中的不饱和脂肪酸EPA和DHA含量更是仅次于鲔鱼。

材料

鲭鱼	1片(150克)
低脂培根	1片
青花椰	1/2个
白花椰	1/2个
糙米	40克
大蒜	1~2瓣

调味料

盐	适量
黑胡椒	适量

准备

1. 鲭鱼切2~3刀成段。

   小贴士 我使用的是市售腌渍好的薄盐鲭鱼。若是市场买的新鲜鲭鱼，需先用盐（分量外）冷藏腌渍2小时。

2. 青花椰和白花椰洗净，切小朵，削除外皮。
3. 培根切小块；大蒜切片。
4. 将糙米洗净。糙米与水的比例为1：1.1，外锅放1杯水，入电锅蒸约40分钟后，取出半碗糙米饭备用。

做法

1. 平底锅倒少许油，鲭鱼鱼皮面朝下，煎2分钟后翻面，煎至金黄即可起锅。
2. 煮一锅滚水，加1小匙盐，放入青花椰和白花椰煮2~3分钟，起锅备用。
3. 平底锅转中小火，倒少许油，放入培根煎至金黄色后，转中火倒入青花椰、白花椰和蒜片拌炒，加盐和黑胡椒调味。
4. 配上半碗糙米饭即可上桌。

热量808.2卡 | 蛋白质47.6克 | 糖类56.4克 | 膳食纤维13.1克 | 脂肪48.1克

快速简单 

虾仁 芦笋炒蛋

清脆爽口的芦笋，加上高蛋白质又饱满有弹性的虾仁，搭配让人胃口大开的起司炒蛋，简单又满足！

材料

虾仁	150克
鸡蛋	2个
芦笋	1把
葱	1~2根
低脂起司片	1片
糙米	40克

腌料

盐	适量
白胡椒	适量

调味料

盐	适量
黑胡椒	适量

准备

1. 虾仁去壳，以腌料抓腌，静置15分钟。
2. 蔬菜洗净。芦笋洗净，去梗切段；葱分成葱白与葱绿，葱白切段，葱绿切末。
3. 低脂起司片用手拨成小块。
4. 鸡蛋液打入碗中，加适量的盐、黑胡椒，与葱绿、低脂起司片打匀备用。
5. 将糙米洗净。糙米与水的比例为1∶1.1，外锅放1杯水，入电锅蒸约40分钟后，取出半碗糙米饭备用。

做法

1. 平底锅以中火热锅，倒少许油后倒入虾仁煎至两面金黄取出备用。
2. 平底锅爆香蒜，加葱白、芦笋爆香，倒少量的水，以适量的盐和黑胡椒拌炒，倒回虾仁一起拌炒。
3. 将打匀的蛋液倒入锅中，以小火慢慢拌炒，起锅搭配糙米饭享用。

吃货May说

芦笋是低卡高纤食材，富含维生素、膳食纤维和钾。不仅如此，还有帮助身体消水肿的功效。

热量459.5卡 | 蛋白质40.2克 | 糖类46.1克 | 膳食纤维5.5克 | 脂肪13.8克

May独创

美味
起司煎鲷鱼

细致的鲷鱼肉在口中化开，搭配浓郁的起司片，彻底满足你的味蕾！

吃货May说

鲷鱼是低脂肪、高蛋白的健康食品，其中含DHA为人体脑部所需的重要养分，与EPA具抗凝血功能，可减少血管中胆固醇及脂肪堆积，预防心脏及血管疾病。

材料

鲷鱼	180克
红椒	1/4个
黄椒	1/4个
洋葱	1/4个
鸿喜菇	1/2包
白米饭	1/2碗
低脂起司片	1片

腌料

盐	适量
黑胡椒	适量
蒜泥	适量

调味料

盐	适量
黑胡椒	适量

准备

1. 鲷鱼切小块，以**腌料**腌渍10～15分钟。
2. 红椒、黄椒、鸿喜菇和洋葱皆洗净，切小块；鸿喜菇去蒂头备用。

做法

1. 平底锅倒少许橄榄油煎鲷鱼排，一面煎1～2分钟后翻面。等两面都煎上色后，将鲷鱼排并列在锅中排好，放上低脂起司片，转小火盖上锅盖焖15秒至起司熔化。
2. 同锅转中小火，加少许油，先下洋葱炒至透明色，接着放入红椒、黄椒与鸿喜菇一起翻炒，加盐、黑胡椒拌炒即完成。
3. 配上半碗白米饭即可上桌。

热量504.7卡 | 蛋白质43.2克 | 糖类63.7克 | 膳食纤维4.2克 | 脂肪9.8克

古早味 

皮蛋鲷鱼糙米蛋花粥

一般市售的粥淀粉比例太大，May自创的粥品中，加了2个鸡蛋、1个皮蛋，以及富含蛋白质的鲷鱼片，是一碗合格的mayfitbowl，喜欢吃粥的你可以大口吃！

材料

鲷鱼	160克
皮蛋	1个
鸡蛋	2个
葱	1~2根
姜	1~2片
辣椒	适量
糙米	40克

调味料

盐	适量
白胡椒	适量
姜	1~2片

准备

1. 皮蛋切小块，鲷鱼切成易入口的片状。
2. 2个鸡蛋液打入碗中，用筷子打匀。
3. 姜切丝；辣椒切片；葱白切段，葱绿斜切作装饰。
4. 将糙米洗净。糙米与水的比例为1:1.1，外锅放1杯水，入电锅蒸约40分钟后，取出半碗糙米饭备用。

做法

1. 煮一锅水，加入姜丝和葱白煮滚后，放入煮熟的糙米饭煮至米变软、膨胀呈粥状。
2. 接着慢慢分次下蛋液，不断用汤匙画圈搅拌。再下鲷鱼片和皮蛋，可依个人喜好加入辣椒。
3. 以小火炖煮至鱼片变色、熟后，加盐和白胡椒调味即可起锅。撒上葱绿，完成。

吃货May说

如果有鸡汤块或柴鱼汤包，可增添汤头风味！

热量589.9卡 | 蛋白质54.9克 | 糖类44.1克 | 膳食纤维3.8克 | 脂肪23.3克

牛肉是May很喜欢的食材之一，不但高蛋白、低脂肪，还含有钾、铁、镁等丰富的矿物质和营养素。选择品质较好的肉简单下锅煎，用盐和胡椒稍微调味就超好吃。

煎牛小排
佐香菇炒莼菜

高碳增肌 

大火香煎的牛小排中间半熟，超级多汁有嚼劲，搭配口感清脆的炒莼菜，锻炼完这样吃非常满足！

热量812.4卡 | 蛋白质36.7克 | 糖类44.1克 | 膳食纤维8.1克 | 脂肪54.4克

材料

牛小排	150克
莼菜	1/2包
干香菇	2朵
鸡蛋	1个
大蒜	1~2瓣
糙米	40克

调味料

盐	适量
黑胡椒	适量
白胡椒粉	适量
橄榄油	1小匙
米酒	适量

吃货May说

莼菜不仅口感清甜，更含有膳食纤维、钾、钙、镁、铁等人体必需的微量元素。

准备

1. 牛小排于室温解冻后，用厨房纸巾拭干水分。在其表面撒上盐和黑胡椒，静置5分钟。
2. 莼菜洗净，切成约5厘米长的段；大蒜切末。
3. 干香菇泡水15分钟，取出拧干水分，切薄片，香菇水留着备用。
4. 将糙米洗净。糙米与水的比例为1∶1.1，外锅放1杯水，入电锅蒸约40分钟后，取出半碗糙米饭备用。

做法

1. 平底锅不加油，以中大火下牛小排干煎，1厘米厚的牛排一面煎30~60秒翻面，煎至两面上色即可起锅。用铝箔纸包住牛小排，静置5分钟以锁住肉汁。

   小贴士 牛排煎好后用铝箔纸包裹，静置5分钟再切能锁住肉汁。或是先不取出牛排，让牛排在锅中静置3~5分钟，能让肉的内外温度一致，达到美味多汁的效果。

2. 同锅开中火，倒1匙橄榄油，下香菇爆香后，加入大蒜、米酒和预留的香菇水，再下莼菜至锅中拌炒，加盐和白胡椒粉调味即可起锅。

   小贴士 莼菜较干，加少许水能让口感更为清脆。

3. 煮半熟蛋。准备一锅水，从冷水开始以中火滚水煮蛋约7分钟后，关火泡1分钟，再取出冲冷水，冷却后剥壳，切半备用。
4. 糙米饭上摆上炒莼菜、牛小排和半熟蛋，完成！

汉堡排佐青柠酪梨酱

经简单调味的牛猪肉饼作为基底，放上自制的青柠酪梨酱，再加上一个完美的水波蛋，零淀粉，满分的优质天然脂肪和蛋白质！

热量673.9卡 | 蛋白质47.0克 | 糖类23.8克 | 膳食纤维7.9克 | 脂肪45.0克

材料

牛绞肉	90克
猪绞肉	45克
鸡蛋	3个
柠檬	1/4个
酪梨	1/2个
番茄	1/4个
紫洋葱	1/4个

调味料

盐	适量
黑胡椒	适量

吃货May说

汉堡排的味道偏油腻，挤入柠檬汁的酪梨酱让口味更为清爽！猪肉比较肥，所以牛肉的比例稍多一些。

准备

1 酪梨剖半，去核，将半个果肉挖出备用；番茄和紫洋葱洗净，切丁。

小贴士 酪梨遇到空气容易氧化变黑，剖开后最好尽快用保鲜膜封起来冷藏，并在1~2天内食用完毕。

2 将1个鸡蛋液打入碗中，打匀。

做法

1 牛绞肉和猪绞肉以2:1的比例混合，加入盐、黑胡椒，调合均匀后捏成肉饼状，以蛋液帮助形状凝固，并在左右手间甩打，挤压中间空气，完成待煎的汉堡排（图❶、图❷）。

小贴士 蛋液也可以用面包粉替代。

2 平底锅以中小火煎汉堡排，两面各煎2分钟至金黄后，转小火盖锅盖焖5~8分钟，用筷子确认煎熟后起锅（图❸）。

3 制作水波蛋：煮一小锅沸水，加1小匙盐，用汤匙快速在中心绕出一个小漩涡，在漩涡中心滑入鸡蛋后转小火，等2分钟左右捞出。

4 制作青柠酪梨酱：将酪梨果肉挤入柠檬汁和少许盐，用叉子压成泥，拌入番茄丁、紫洋葱丁。

5 汉堡排加上青柠酪梨酱，摆上水波蛋即可完成。

1

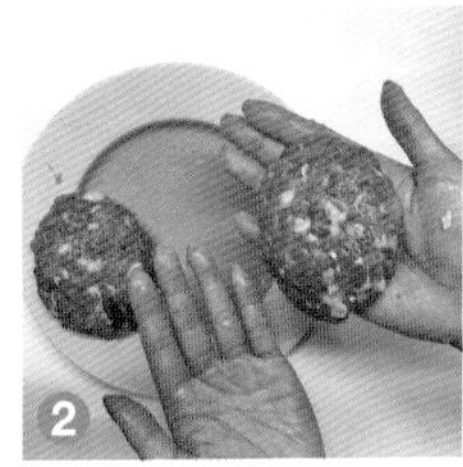
2

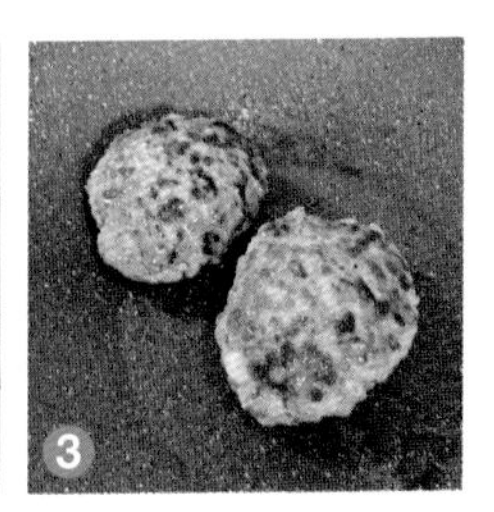
3

一锅到底 

辣豆瓣番茄炖煮牛肉片

加了1小匙的辣豆瓣酱，让普通的炖煮肉片增添了一层台式风味，以番茄为基底的自然甜味，再带一点儿辣劲，口味超赞！

吃货May说

这道料理不用加糖，用番茄本身的甜味就很好吃。牛肩肉低脂，比较有嚼劲，如果想要软嫩的口感，可以改成使用牛腹肉，不过脂肪量也会高些。

材料

牛肉片（牛肩肉）	150克
大蒜	2瓣
洋葱	2个
小番茄	8个
糙米	40克
葱	2根
八角	1~2颗

腌料

盐	适量
黑胡椒	适量

调味料

辣豆瓣酱	1小匙
酱油	适量
米酒	适量

准备

1. 牛肉片先以**腌料**腌渍，静置15~20分钟。
2. 蔬菜洗净。洋葱切丝；大蒜切末；葱白切长段，葱绿切末。
3. 将糙米洗净。糙米与水的比例为1∶1.1，外锅放1杯水，入电锅蒸约40分钟后，取出半碗糙米饭备用。

做法

1. 平底锅以中火热锅，倒少许油后爆香洋葱和蒜末，加入葱白段和小番茄拌炒。
2. 加1小匙辣豆瓣酱炒香，拌炒至小番茄爆开后，下牛肉片炒至上色。
3. 加酱油、米酒和水至淹过料，放入八角，以小火慢慢炖煮。
4. 煮到水量减至一半时，撒葱绿末即可起锅。

热量892.8卡 | 蛋白质39.7克 | 糖类119.2克 | 膳食纤维16.2克 | 脂肪29.1克

古早味 

萝卜红烧牛腩

有妈妈味道的萝卜红烧牛腩，炖得软烂入味，入冬时节吃，总有股幸福的味道。

材料

牛腩	180克
胡萝卜	1/2根
白萝卜	1/2根
青花椰	1/2个
鸡蛋	1/2个
葱	1~2根
姜	1~2片
八角	适量

调味料

酱油	1大匙
糖	适量
米酒	1/2大匙
盐	1小匙

准备

1. 牛腩洗净，氽烫后捞起冲洗干净，沥干水分并切成易入口的块状备用。
2. 胡萝卜、白萝卜洗净后，去皮切块状备用；葱切葱花和葱段。
3. 青花椰切小朵，去外皮。

做法

1. 平底锅倒少许油，先放入姜片、葱段爆香，再放入牛腩煸炒。倒入酱油、适量糖拌炒均匀后，再加入米酒，持续拌炒，让肉块充分吸收米酒和酱油的香气。
2. 加入八角和水至淹过肉块后，转小火炖煮20分钟，下胡萝卜、白萝卜块，一起再炖煮半小时，撒点儿葱花即完成。
3. 准备摆盘配菜：煮一锅水，水滚后丢入青花椰，加入1小匙盐，煮3分钟取出备用。
4. 另准备一锅水，从冷水开始以大火滚煮蛋约7分钟后，关火泡1分钟，再取出冲冷水，冷却后剥壳，切半备用。
5. 将萝卜红烧牛腩和青花椰、半熟蛋装碗，可依一日热量安排，多配上半碗糙米饭。

吃货May说

白萝卜含有丰富的维生素与膳食纤维，能帮助消化，促进代谢，重点是低热量又有饱腹感，用来煮汤或红烧最为合适。这道料理适合一次煮一大锅，但建议冷藏，3~4天内食用完毕。

热量835.6卡 | 蛋白质41.8克 | 糖类39.4克 | 膳食纤维14.1克 | 脂肪56.7克

寿喜烧牛
秋葵滑蛋丼饭

秋葵本身带有黏液，和蛋一起炒可以制造滑蛋口感，
搭配自制的寿喜烧牛，不禁赞叹自己是小厨神！

热量787.8卡 | 蛋白质46.5克 | 糖类64.0克 | 膳食纤维6.4克 | 脂肪37.8克

材料

牛肉片（牛肩肉）	150克
秋葵	3根
鸡蛋	2个
洋葱	1/2个
葱	2根
糙米	40克

腌料

盐	适量

调味料

盐	适量
黑胡椒	适量
酱油	7.5毫升
米酒	1小匙
味醂	1/2匙

准备

1. 牛肉片先以**腌料**的盐按摩腌渍10分钟。
2. 制作寿喜烧酱汁。以酱油、米酒、味醂为3:2:1的比例调配均匀。
3. 蔬菜洗净。秋葵切成0.2厘米厚的片状；洋葱切丝。
4. 将2个鸡蛋液打入碗中，加入适量盐、黑胡椒、秋葵和少量水打匀。
5. 将糙米洗净。糙米与水的比例为1:1.1，外锅放1杯水，入电锅蒸约40分钟后，取出半碗糙米饭备用。

做法

1. 平底锅倒少许橄榄油，以中火炒洋葱丝至透明色，再倒入牛肉片同寿喜烧酱汁一起拌炒，转小火炖煮至牛肉及洋葱皆入味变色（图❶）。
2. 接着下秋葵蛋液，让蛋液均匀分布，10~15秒后，用木匙由外向内刮，绕圈重复动作至蛋呈8分熟即可盛起（图❷）。
3. 在糙米饭上铺满满牛肉及秋葵滑蛋，美味完成！

吃货May说

秋葵的营养很大一部分是来自其中的黏液，除了本身含丰富的营养成分，还可附着在胃黏膜上保护胃壁，具有帮助消化、护肠胃的功效。

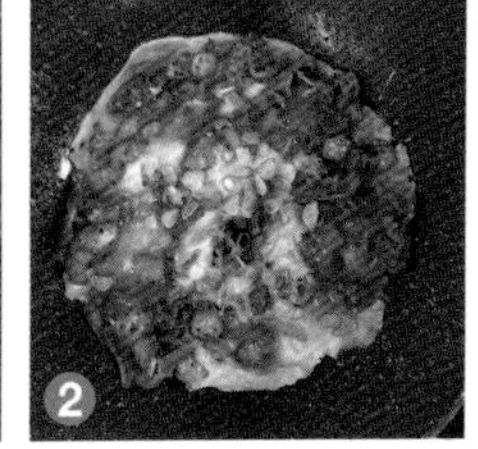

猪肉料理

猪肉的油脂含量较高，需要减脂的人建议少吃五花等比较肥的部位。但如果是运动量高的人，适当吃一些是没有问题的！猪肉中含有丰富的铁质、B族维生素等，不仅有益身体健康，也没有牛肉那么重的味道，很适合运用在料理中。

葱爆辣炒秋葵猪肉

一锅到底

对切的秋葵和腌渍好的猪肉拌炒，用葱段爆香，15分钟快速上桌！这道适合喜欢吃辣的朋友。

热量515.1卡 | 蛋白质39.1克 | 糖类59.0克 | 膳食纤维6.1克 | 脂肪12.5克

材料

猪里脊肉片	120克
秋葵	4~5根
鸡蛋	1个
洋葱	1/2个
糙米	40克
大蒜	1~2瓣
辣椒	1根

腌料

盐	适量
黑胡椒	适量
蚝油	1小匙

调味料

酱油	1小匙
米酒	1/2小匙

准备

1. 以**腌料**腌渍猪肉片，静置10～15分种。
2. 用清水洗净秋葵。加盐（分量外）搓洗，可以去除表面的细毛。
3. 洋葱洗净，切丝；大蒜切末；辣椒切圆片。
4. 将糙米洗净。糙米与水的比例为1:1.1，外锅放1杯水，入电锅蒸约40分钟后，取出半碗糙米饭备用。

做法

1. 煮一锅沸水，加1小匙盐，汆烫秋葵30～60秒后，取出沥干水分。接着将秋葵的蒂头切除，再对半纵切。
2. 平底锅以中火热锅，倒少许油后爆香大蒜，下洋葱丝和猪肉片拌炒至肉8～9分熟后，下辣椒和秋葵，加酱油和米酒，拌炒均匀即可起锅。
3. 煎一个荷包蛋，铺在糙米饭上，再加上秋葵及洋葱炒猪肉，完成。

吃货May说

猪里脊肉片的含脂量较低，适合想吃猪肉又怕脂肪太高的人。
秋葵的黏液能让口感更滑顺，忍不住一口接一口！

台式卤猪肉

电锅 

油脂丰厚的猪五花肉最适合拿来做浓郁的卤肉饭，用一个电锅就可以搞定！轻松满足喜欢大口吃肉的你。

热量996.4卡 | 蛋白质36.8克 | 糖类65.4克 | 膳食纤维6.8克 | 脂肪62.5克

材料

猪五花	180克
马铃薯（中型）	1个
胡萝卜	1/2个
葱	1~2根
姜	1~2片
大蒜（保留外皮）	1~2瓣
糙米	40克
青花椰	1/2个

调味料

酱油	2大匙
米酒	1大匙

准备

1. 马铃薯、胡萝卜洗净，去皮后以滚刀切块；葱洗净，葱白切段，葱绿切细丝。
2. 调配台式卤汁：将酱油、米酒、水以约2：1：2的比例，调和均匀。
3. 猪五花肉切块。
4. 将糙米洗净。糙米与水的比例为1：1.1，外锅放1杯水，入电锅蒸约40分钟后，取出半碗糙米饭备用。
5. 青花椰洗净，切小朵，去外皮。

做法

1. 在大锅中，先将姜片、保留外皮的大蒜、葱白段放入锅底，再加入马铃薯、胡萝卜、猪五花肉，倒入台式卤汁。外锅加1~2碗水，入电锅蒸约40分钟即可取出，撒上葱绿丝装饰。

   小贴士 若蒸1~2小时，会更加入味。

2. 另煮一锅水，水滚后丢入青花椰，加入1小匙盐（分量外）煮3分钟，取出增添配菜。
3. 配上半碗糙米饭，中式口味的健康料理完成！

吃货May说

猪五花油脂稍微丰厚，但富含优质蛋白质、B族维生素，女性多吃可以改善贫血、补充铁质。不过因为其热量高，食用时仍要留意分量。

清蒸红烧豆腐狮子头

电锅 

狮子头时常给人留下油炸的不健康印象，这款改良过的健康版本，使用低卡的豆腐混入猪绞肉，经过蒸制，清爽无负担！是一道强饱腹感的高蛋白料理，好吃又下饭。

热量701.9卡 | 蛋白质50.6克 | 糖类48.0克 | 膳食纤维5.4克 | 脂肪33.4克

材料

猪绞肉	160克
板豆腐	1/4盒
白菜	1/2棵
糙米	40克
葱	1~2根
姜	1~2片
鸡蛋	1个

调味料

盐	适量
酱油	1小匙
米酒	1小匙

准备

1. 蔬菜洗净。葱、姜切末；白菜切块。
2. 板豆腐用刀背压碎，鸡蛋打匀成蛋液。
3. 将糙米洗净。糙米与水的比例为1∶1.1，外锅放1杯水，入电锅蒸约40分钟后，取出半碗糙米饭备用。

做法

1. 猪绞肉加入豆腐碎，再拌入蛋液、葱、姜、酱油和盐，用汤匙充分搅拌至水分完全吸收（图❶）。
2. 将肉馅装在塑料袋中，用手拍打至肉有黏性后，拿出来捏成球状（图❷）。
3. 将白菜铺在锅底，把肉球排在上方，均匀淋上酱油和米酒各1小匙，外锅加1碗水，入电锅蒸约40分钟即可（图❸）。
4. 配上半碗糙米饭，非常满足！

吃货May说

香喷喷的功夫菜狮子头其实一点儿也不难，过节宴客都很适合。加入豆腐可以制造软嫩口感，让整体风味更佳！

高蛋白小食

接下来要教大家的是May平常最爱的解馋小点心。高蛋白、低热量，在进行低碳或是减脂等难熬时期时，即使偷吃也不会发胖！

牛奶燕麦粥

May 独创

燕麦粥富含膳食纤维、维生素和矿物质，撒上自己喜欢的各种新鲜水果和坚果，在微寒的早晨来一碗暖乎乎的燕麦粥最棒了！也可以做好放冰箱，2天内食用完毕。

热量351.1卡 | 蛋白质11.7克 | 糖类49.8克 | 膳食纤维5.9克 | 脂肪12.8克

材料

材料	用量
牛奶	150毫升
香蕉	1/2根
天然即溶燕麦	40克
枸杞子	适量
南瓜籽仁	适量
水果干	适量
坚果	5~6颗

做法

1. 枸杞子先用水泡至软。
2. 天然即溶燕麦和牛奶一同倒入锅内，以中火煮至牛奶沸腾后开始不断搅拌，等燕麦熟透呈稠状后关火，装碗。
3. 香蕉切片摆上，撒上枸杞子、南瓜籽仁、水果干、坚果，完成！

吃货May说

枸杞子近年在欧美蔚为流行，有免疫调节、抗氧化、降血压的功效，益处多多！

一锅到底 

椒盐香酥地瓜片

用一个煎锅、最简单的调味就能完成的香酥地瓜片，很适合当嘴馋时的健康点心！

材料

地瓜	150克

调味料

盐	适量
胡椒	适量
橄榄油（或酪梨油）	1小匙

做法

1. 地瓜洗净擦干，切片。
2. 平底锅倒1小匙橄榄油或酪梨油，开中小火后下地瓜片，两面各煎2分钟至表面金黄后，转小火，两面分别再继续煎4~5分钟。
3. 用筷子戳戳看，可轻易穿透即代表熟了。起锅盛于厨房纸巾上，用纸巾吸附多余油脂。健康点心完成！

吃货May说

煎地瓜片需要耐心，小火慢煎口感最佳。

热量181.5卡 | 蛋白质2.0克 | 糖类41.7克 | 膳食纤维3.8克 | 脂肪0.3克

古早味 

蜜芋头豆奶

妈妈时常在家里煮这款黑糖蜜芋头，是May最爱的点心！嘴馋时吃个两三块炖煮得软烂的芋头块，配上冰冰凉凉的牛奶，无比美味！

材料

芋头（小个）	1/2个
豆乳（或牛奶）	80~100毫升

调味料

白糖	1大匙
黑糖	适量

做法

1 芋头削皮，切小块放入盆中。

小贴士 芋头的黏液会让双手红痒，削皮时建议戴手套。

2 在盆中倒入淹过芋头的水，于表面撒上白糖、黑糖后，入电锅蒸1小时以上，直到芋头软烂。

小贴士 撒糖后勿搅拌，直接入电锅蒸。

3 芋头蒸好后放入冰箱冷藏，要吃时取出再倒入豆乳或牛奶，即完成健身达人下午小点心。

吃货May说

豆乳推荐口感较浓郁的，喝起来更美味！

热量291.3卡 | 蛋白质5.7克 | 糖类61.0克 | 膳食纤维5.4克 | 脂肪2.3克

电锅

南瓜
甜玉米蒸蛋

甜甜咸咸的，像在吃咸食，也像在吃美味的布丁。同时补充蛋白质与南瓜丰富的营养，是健身达人必学的美味小点心。

材料

南瓜	50克
鸡蛋	3个
玉米粒罐头	20克

调味料

盐	适量
黑胡椒	适量

做法

1. 南瓜去皮后先切小块，入电锅蒸10~15分钟至软，用叉子捣成泥。
2. 在碗中打入蛋，加入60毫升的水、甜玉米与南瓜泥，撒点盐、黑胡椒拌匀调味，入电锅蒸10~15分钟，完成。

吃货May说

这道料理用电锅就能轻松搞定，很适合租屋族或外宿生。

热量268.1卡 | 蛋白质21.3克 | 糖类14.9克 | 膳食纤维2.0克 | 脂肪14.4克

材料

鸡蛋	3个
皮蛋	1个

调味料

日式柴鱼粉	1包
辣油（或香油）	1小匙
白胡椒粉	适量

做法

1 皮蛋切小块。蛋液、柴鱼高汤以2:1的比例调匀后，加入皮蛋，再撒上白胡椒粉拌匀。

小贴士 我个人很喜欢保留蛋白口感的蒸蛋，所以蛋液不用完全打匀也可以。

2 蛋液放入电锅内锅后，在电锅外围架1根筷子，外锅倒入半碗水，蒸10~15分钟即可。

小贴士 架筷子的作用是不要让蒸汽太大，能做出外观更漂亮的蒸蛋。

3 食用前，再依喜好增添香油或辣油。

电锅

皮蛋蒸蛋

之前天气冷的时候，May一整个礼拜的早晨都吃这款暖暖的皮蛋蒸蛋，改良自台式三色蛋（鸡蛋、咸蛋、皮蛋），也将食谱简化，端上桌和亲友分享也超适合！

吃货May说

建议使用有风味的汤头，如柴鱼高汤、鸡高汤，味道更香。

热量373.2卡 | 蛋白质29.7克 | 糖类7.1克 | 膳食纤维0.0克 | 脂肪26.1克

May独创

杏鲍菇培根蛋炒饭

May发明的无淀粉炒饭！利用杏鲍菇丁营造白米饭口感，步骤简单快速，非常适合在执行低碳饮食又很渴望吃炒饭的你。

吃货May说

培根本身带油和咸味，不必再另外加油和盐。

材料

杏鲍菇	1~2根
培根	2片
洋葱	1/4个
大蒜	1~2瓣
绿葱	1~2根
鸡蛋	2个

调味料

盐	适量
黑胡椒	适量

准备

1. 蔬菜洗净。杏鲍菇、培根和洋葱皆切小丁；大蒜和绿葱切碎。
2. 鸡蛋液全数打入碗中，加适量的盐和黑胡椒后拌匀。

做法

1. 平底锅开中火，放入培根煎至金黄后，下洋葱丁和蒜末爆香，再下杏鲍菇丁炒软。
2. 倒入蛋液，用筷子翻炒，待蛋液成形后加黑胡椒调味，再撒上葱花后快速拌炒，起锅。

小贴士 用筷子拌炒，才会有炒饭粒粒分明的感觉。

热量430.0卡 | 蛋白质25.7克 | 糖类31.4克 | 膳食纤维8.2克 | 脂肪24.2克

材料

鸡胸肉	1片（160克）

腌料

盐	适量
黑胡椒	适量
橄榄油（或酪梨油）	3~5毫升

准备

鸡胸肉洗净，切小块，以**腌料**按摩，静置15~20分钟。

做法

平底锅中小火，倒少许油，鸡胸肉两面各煎1~2分钟至肉8分熟，盛起后尽快用铝箔纸包住，闷3~5分钟，让肉自然熟透即完成（图❶、图❷）。

May独创

铝箔包鸡胸

本书最后一道食谱，是我大爱的鸡胸肉小点心！鸡胸肉本身油脂少，最忌讳煮过久，让肉质变老就不好吃了。这款铝箔包鸡胸是将肉短暂煎过后，用铝箔纸包起来闷熟，吃起来完全不会老，超级嫩，惊人地美味！

吃货May说

铝箔纸可耐300~400℃高温，在正常的使用下不会有问题，只是要注意勿接触酸性物质，如柠檬汁、食用醋等。

热量218.6卡 | 蛋白质38.7克 | 糖类0.0克 | 膳食纤维0.0克 | 脂肪6.0克

专栏 5

健康零负担的外食选择

超商外食我常吃的是茶叶蛋、地瓜、香蕉、豆浆（无糖或低糖）、桂格燕麦，大多为非加工、接近原形的食物（注意：成分含有超过三行看不懂的化学物质要少碰！）。

这些除了当早餐，也很适合当作锻炼前后的能量补充，尤其锻炼后吃蛋白质和糖类，是修补肌肉组织的极佳选择，例如，茶叶蛋配地瓜、豆浆配香蕉。

至于午、晚餐的选择，我的外食标准是一定要有足够的蛋白质（30 克以上）及蔬菜。①西式料理，如潜艇堡、烤鸡沙拉、鲑鱼意大利面、炖牛肉、牛排与马铃薯；②日式料理，如寿司、生鱼片、烤鱼便当、丼饭；③东南亚料理，如牛肉河粉、泰式绿咖喱鸡、青木瓜沙拉、海南鸡饭。

另外，我个人也很爱吃火锅，所以选择调味清淡的锅底、较清爽的酱料，不吃加工类火锅料，也是很健康的一餐！

此外，要避免食用含有大量淀粉又缺乏蛋白质和纤维的组合，如拉面、干拌面、卤肉饭、炒饭等，这些食物容易让血糖快速上升、囤积脂肪、让身体水肿。如果很爱的话，一周吃 1 ~ 2 次即可。

跟 May 一起健康吃外食！

① 避免勾芡、浓稠酱汁、重口味油炸食物

即使是低卡的青菜，如果用了勾芡，热量就会多出三倍。在点餐时，可以主动告知要少酱，吃油炸食物也建议把面衣去掉。

② 慢慢咀嚼，有意识地吃

聚餐时，习惯边聊边吃，不知不觉就会吃进不少热量。因此在进食的第一口，就应在脑中留意：每口吃进了什么？是否有充分咀嚼后再吃第二口？狼吞虎咽容易让热量爆卡，血糖快速上升！

③ 先喝汤再吃菜

由于汤的体积大，热量相对低，先喝汤可先让肚子有饱腹感，建议选清汤取代浓汤。

④ 多吃绿色蔬菜

外食族最容易缺乏膳食纤维，用餐时请尽量每餐都有 1 ~ 2 份绿色蔬菜，提供足够膳食纤维帮助消化解便，并增进饱腹感。

▶ 身为吃货的 May，最喜欢大口吃美食，再运动补回来！

专栏 6

开启一天活力的低糖早餐

早餐不一定要吃得像国王

以往我们说“早餐要吃得像国王一样”。但对我来说，早餐吃得过丰盛反而容易造成肠胃负担！吃得少、吃得精，才能一整天保持活力！我在早餐的选择上习惯以高蛋白和脂质为主，热量控制在 300 千卡内，避免吃高碳、高热量食物，如面包、贝果、烧饼、油条。原因是吃进高碳水化合物容易让血糖快速飙高，血糖下降时更容易感到饿，让人昏昏欲睡。

这里提供我平常的早餐食谱给大家：① 2 个炒蛋 + 1/2 个酪梨。② 2 个水煮蛋 + 1/2 个苹果。③一把坚果 + 黑咖啡。外食族的超商搭配，例如：①茶叶蛋 + 豆浆。②溏心蛋 + 苏打饼干。③茶叶蛋 + 芭乐、苹果或香蕉。

美好的一天，从“蛋”开始！

“鸡蛋”是 May 最喜欢的早餐食材！过去大家担心摄取太多鸡蛋会使胆固醇过高，但研究指出，人体胆固醇和鸡蛋摄取量并无确切关联性（我们身体 70% 的胆固醇是从肝脏自行合成，只有剩的 20％ ~30％从食物中获取）。而且鸡蛋不仅被许多营养学家、健身专家认定为超级大脑食物，还含有维生素 C 和氨基酸，以及强化肌肉所需的卵磷脂。

鸡蛋的营养价值

- 高蛋白质（健身者必吃）
- 人体所需 17 种氨基酸
- 维生素 A、维生素 B_{12}、维生素 E
- 含丰富胆碱、叶黄素、玉米黄素（对大脑很好！）

小厨神 May 的高蛋白私房蛋料理

煎培根焦糖洋葱双太阳蛋

培根 1 条煎至金黄，放入 1/4 个洋葱（切成丝），拌炒至软并呈焦糖色，打 2 个蛋液，盖锅盖小火焖 3~5 分钟，撒适量盐、黑胡椒调味即可。

鲔鱼起司炒蛋

在锅中打 2 个蛋液，加 2 ~ 3 小匙水煮罐头鲔鱼和 1 片低脂起司，拌炒至 8~9 分熟后，撒适量盐、黑胡椒调味即可。

彩椒烘蛋藜麦起司马芬

将 2 ~ 3 个鸡蛋液打入碗中，加适量盐、黑胡椒拌匀。洋葱 1/4 个、红黄彩椒各 1/2 个，均切丁。在马芬烤盘上均匀抹油后，倒入蛋液，放彩椒丁、洋葱丁、藜麦（30 克）与撕碎的起司片，入烤箱上、下火 180~200℃烤 15~20 分钟，完成。

小知识

“鸡蛋不等于高胆固醇”

根据《美国临床营养学杂志》发表的研究中也证实，对心脏病患者与高胆固醇族群而言，每天吃 1 ~ 2 个鸡蛋并不会对健康造成危害，还可降低中风发生的概率。

第 3 章

运动观念篇

打造好看曲线必知，May 的重训观念与运动理念

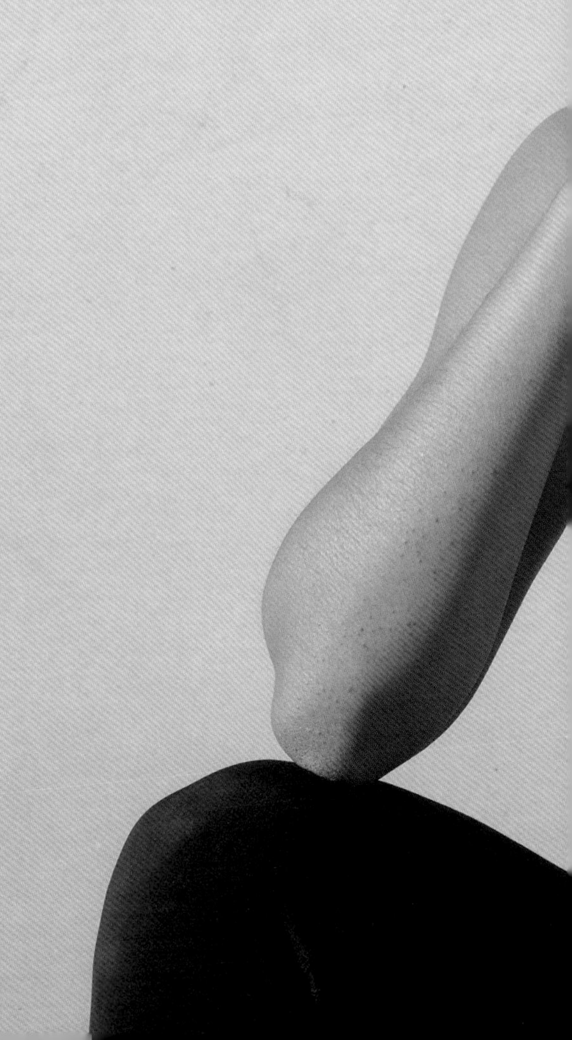

IKE

坚持运动，徒手健身让我保持健康体态

自从大学毕业后，我的生活有了很大的改变，不太能像学生时期一有空儿就跑健身房，一周可达5~6次练习，我常常需要出差工作，一走就是1个月。在没有健身房的环境，我购入简单的自由重量组合（如哑铃、杠铃），自己租了一个小型健身房，每天在房间坚持做乏味的基本动作，如深蹲、硬举、肩推等。饮食上则多摄取蛋白质，以便让我辛苦练的肌肉不至于因缺乏锻炼而流失。

除了自由重量之外，由于无法使用任何重训器材，徒手核心就是最方便的初学者锻炼肌力的方式！我不论是在家或在异地，常常花10~20分钟做登山式、伏地挺身、抬脚、仰卧起坐等运动。我也一定自备一条弹力带，套在腿中间，不仅锻炼脚力、有助提升下半身肌力，更能大幅增加臀肌的感受度！搭配动作如深蹲、深蹲跳、臀桥、蛤蛎开脚、驴子踢脚等肌力运动。

我自己的锻炼是：下半身4~5个动作+核心4~5个动作为一循环，每天坚持做2~3个循环，就是一个很棒的锻炼（20~30分钟），不用进健身房也能在家有效锻炼到全身的肌肉！

我想告诉各位：即使没有健身房，只要有心，还是可以在家，利用自由重量与徒手健身锻炼出健美身材！

▶ 出差必备运动服和弹力带，让我随时运动起来！

能不能
同时增肌又减脂?

在本书前言中曾经提及，在热量赤字的情况下才能成功减脂，而在热量盈余、保持锻炼的情况下才能成功增肌。这时，有很多健身新手会问：能不能同时增肌和减脂？能不能在减重的同时，也获得紧实肌肉曲线?

基本上，在网络上看到那些在短短几周内就成功减重的惊人照片，都是从大胖子变瘦子的减重，但其实肌肉量并没有提升多少。我们的肌肉并没有那么好长，需要长时间（以年为单位）来养成，且需要摄取足够的热量、营养，充足的休息与睡眠。

大多数还没开始健身就想“同时增肌减脂”的人，我觉得都是抱持着侥幸的心态，然而，越是抱持侥幸心态的人，越不可能成功。有一句俗语：“鱼与熊掌不可兼得。”想要减脂，就认真减脂（控制热量）；下定决心增肌，就好好锻炼、补足营养。

很多希望同时增肌又减脂的人，发现努力了好久还是在原地打转，身材还是没什么变化，这是因为你的身体感到很困惑，不确定你到底是想要减重还是增重。如果开始时的目标很明确是增肌，那么虽然你们感觉越练越壮了，但一进入减脂期，身材就会马上变得凹凸有致！因为肌肉多了，基础代谢率随之提升，更有利于减脂!

▲ 健身没有捷径，确定目标后，必须持续努力。

如何在减脂过程中
还能尽量保留肌肉?

一位瑞典健身及营养教练Martin Berkhan曾大力宣扬间歇断食的好处，他在他的网站上指出建议遵循的饮食事项：

1. 多吃高蛋白的食物（至少为自己体重2倍的克数／日）。
2. 多做阻力锻炼（一周至少4次以上）。
3. 控制减重速度，热量至少吃到你的“基础代谢率”至“TDEE减200千卡”的范围，因为体重降太快容易掉肌肉。

此外，经科学证实，有些人能达到减少热量摄取的同时却能增肌减脂。首先，如果你是健身新手，且体脂较高，就会有“新手蜜月期”，这是最容易长肌肉的时期，即使减少热量也会成功。

其次，如果你平常就有吃高蛋白食物的习惯，一周至少锻炼4～5天，且是非常认真锻炼和计算所吃食物的营养素的人。

最后，如果你是有锻炼基础的人，虽然有一段时间没练，但又再开始锻炼。例如出差旅游时，因为缺乏锻炼、饮食不良而使肌肉消下去，但别担心，有锻炼基础的你，肌肉很容易一练就回来！

不过我必须说，这三种人毕竟还是少数。因此稍微区分增肌和减脂的目标还是比较有效率的做法。我个人的经验是：增肌期体重达53～55千克，减脂期则是51～52千克，当我觉得胖了就开始减，想多吃一点就开始增，所以肌肉量逐年提升，至今已经养成高基础代谢率的紧实体形。

▶ 基础代谢率提高后，减脂更有效率，身材线条变得明显。

自我体态分析，找出你最需要锻炼的部位

不可否认，天生的基因决定了部分因素。许多科学研究证实，基因控制着我们的体形。但这不代表你完全没有机会！后天的努力、运动、饮食能发挥不容小觑的作用，经过增肌或减脂可以改善原本的身材比例。本章是要让各位根据自己体态分析的结果，依增肌或减脂目标，决定该练哪些部位，然后做下一章的居家徒手运动（上半身、腹部、臀部、全身）。

你属于哪一种体形？五大体形分析

在我的女性友人中，有些人不用练就是腰细屁股大（梨形：脂肪集中在臀部、大腿部和屁股上）；有些人是四肢纤细，脂肪囤积在腹部的苹果形身材；也有些人天生

就是难长肉、没腰线的平板身材。我将女性的体形分为五大类：倒三角形、矩形、椭圆形与正三角形、沙漏形。以下分别介绍这5种体形。

	体形说明	运动建议
倒三角形	宽肩窄臀、双腿纤细，整体身材上宽下窄。	可弱化或维持上半身锻炼，同时多加强腿部与臀肌的肌力。建议一周锻炼上半身1~2次，下半身3~4次。
矩形	肩、腰和胯部的宽几乎平齐，腰部的曲线很不明显。	多加强上、下半身运动（占80%~90%），不需花太多时间锻炼腹肌，因为核心越发达，腰部曲线越不明显。
椭圆形	又称苹果形。上半身丰腴，身体大部分脂肪囤积在腹部，但四肢缺乏肌肉。 *许多缺乏运动习惯的女孩，腹部有肉即认定自己是椭圆形身材，但大部分原因是体脂偏高。若体脂已下降到20%左右，腹部仍有不少脂肪，才是较标准的椭圆形身材。	多加强上半身与下半身运动（70%），一周锻炼核心2~3次。
正三角形	肩比臀窄，有溜肩可能，脂肪囤积在臀部、腹部与大腿处。 *“溜肩”是指颈部和肩膀间的角度较大，肩膀看起来往下倾斜，容易显得没有精神。	多加强上半身（背、胸、肩），尤其是肩膀锻炼一周2~3次，腿部锻炼一周2次，可搭配高强度间歇燃脂！
沙漏形	又称为X形身材，肩与臀的宽度接近，腰围小，身材匀称。	这种身形本身条件已有优势，全身性锻炼能让身材更为紧实、有线条！

以我而言，天生的体形比较缺乏腰线（水桶腰），即使最低曾瘦到47kg，腰围还是在视觉上偏粗。而且只要一变胖，脂肪就会直接囤积在腹部，天生四肢偏纤细。了解自己身体状况后，我尽量多加强上半身（一周2～3次）与下半身运动（一周2～3次），持续锻炼下来，腰臀比变大了，体形也变得更完美！健身后期，喜欢欧美曲线的我，想要强化臀肌发展，因而加强下半身的练习（约一周4次，上半身约2次）。

跟 May 一起动起来！健身达人的一周运动菜单

对一般上班族或学生而言，天天上健身房不太容易，所以这里针对一周2练（一周有2天可运动）、3练或4～5练的朋友给出不同的建议，但请根据个人状况调整。

一周2练（运动新生适用）

由于锻炼时间有限，每次以全身性锻炼为佳，如：下半身（30分钟）、上半身（30分钟）+核心或有氧（15分钟）。一周所挑选的2天，建议相隔2～3天，让肌肉充分休息。以上适合身体尚不习惯运动的初学者！

一周3练（针对区域肌群锻炼）

可选择“肌群锻炼”如练胸、肩、背、腿、腹部等，或“全身性锻炼”如一周2次（下半身、上半身、核心或有氧）+1次有氧（跑步、飞轮或拳击），以提升心肺功能。

一周4～5练（全身与特定肌群锻炼）

有较充裕时间锻炼的人，可安排一周2天练腿、2天练上半身。也可以加强较弱的部位（特定肌群需一周3～4次训练才能有效成长），例如觉得背特别弱，可安排一周3天练背（每次至少半小时）。想要蜜桃臀，一周至少要刺激臀肌3～4次以上，每次锻炼也可搭配其他肌群训练。

右页是提供给大家参考的一周运动详细菜单，我已依照每周各位能运动的天数规划成4个难度，其中难度2有两种菜单让大家依需求选择，而难度 3的第二种则是特别为女性设计的练臀菜单！

健身达人的一周运动菜单

周间／锻炼天数	一	二	三	四	五	六	日
难度 1（2 练）	慢跑	休息	休息	全身性阻力锻炼	休息	休息	瑜珈
难度 2（2 ~ 3 练）	上半身	休息	休息	上半身	休息	休息	飞轮、慢跑
	胸肩、下半身	休息	休息	背、下半身	休息	高强度健身运动	休息
难度 3（4 练）	上半身	下半身	休息	上半身	下半身	休息	慢跑
	胸、臀腿	腿、背二头肌	休息	臀腿、背、三头肌	背、臀腿	休息	慢跑、弹力带练臀
难度 4（5 ~ 6 练）	腿	背、二头肌	休息	腿	肩	背	胸、三头肌

小心受伤！
May 教你预防运动伤害

近年来运动风气盛行，但如果平常没有运动习惯，你的肌肉基本上呈现放松状态。假如突然大量运动，会使肌肉过于紧绷，并产生大量的乳酸堆积在肌肉，最后造成酸痛。以下我提供大家4个预防运动伤害的原则，不管有或没有运动习惯的人都适用！

1. 加强辅助运动或暖身动作

下半身通常缺乏锻炼，最容易发生运动伤害。因为柔软度与活动度都不够，一遇到长时间、高强度的锻炼，就会超过身体负荷，很有可能引发疼痛或发炎。以下提供我自己的暖身动作给大家参考：

下半身暖身： 快走5～10分钟、慢跑5分钟后，首先深蹲20下（完整蹲低），其次前后晃动腿，最后将单脚弯曲膝盖抬至胸口，保持水平高度，往外侧旋转，活动髋关节。此外，臀肌暖身可做如蛤蛎开脚、臀桥、跨步蹲等动作。

上半身暖身： 可往前、后旋转手臂，或做肩外旋的动作。

2. 避免运动过度

记录每次锻炼的动作、使用的重量与组数与次数，并且每周挑战自己多一点，要循序渐进增加负荷量，避免突然练习过量。

3. 运动新手建议找专业人士指导

运动一定要有正确的技巧或方法，特别是重训。如果没有专业人士的陪同，请避免一次加太多重量，像深蹲、硬举等，自己若贸然锻炼容易发生危险。

4. 避免身心状况不佳或疲劳时运动

若评估目前身体状态是属于身体不适（月经、感冒等）、过度疲劳的状态，建议休息1～3天，让身体恢复能量后再开始锻炼。或者改做低强度的有氧或阻力运动20分钟。

专栏 7

别只做有氧运动！女性运动守则

别担心不小心练得太壮

由于人的骨质和肌肉会随年纪的增长逐渐流失，没有肌肉的支撑，无论久站久坐都容易感觉到疲劳，尤其女性过了更年期，骨质会流失得更快。

虽然有氧运动可以提升心肺功能、增加热量消耗，但有氧运动对提升肌力的效果并不显著，若只是以有氧增加一日消耗量，运动后的大餐也足以让运动白费！反之，无氧运动（重量锻炼）却能帮助改变身体组成（肌肉量上升、体脂下降），逐渐养成“高基代、吃不胖”的紧实体形！

因此，在身体力行时，应保持规律锻炼的习惯，这样不仅能打造匀称的曲线，还能防止老化、降低心血管疾病风险。

提及重训，女生不免担忧：是否会一不小心练成粗壮体格？首先，女性天生的荷尔蒙可以预防肌肉变得强壮，且女性天生体脂偏高（哺乳孕育的天性），因此女性的身体很难变得与男性一样粗壮。站在舞台上的健美小姐是年复一年的严格锻炼以及饮养调控才有充满肌肉的曲线，一般人很难达成。

完全没有运动习惯的新手，可以先从一周 2 次半小时以上的有氧运动开始提升心肺能力，搭配一周 2 次的徒手肌力锻炼。有上健身房习惯的人，一周 2 ~ 3 天锻炼应相隔 1 ~ 3 天，让肌肉充分修复。中阶者，每周 3 ~ 4 练，可分上、下半身练习，例如上半身在周一、周四，下半身在周二和周五，或分得更细（例如，腿、背、二头肌、三头肌、胸肩、腹部）。

◀ 光做有氧运动，没办法练出漂亮的肌肉线条。

第 4 章

运动实战篇

四大部位重塑锻炼，和 May 一起甩肉动起来

在家练出性感蜜桃臀

想要浑圆的蜜桃臀，
锻炼菜单在这！

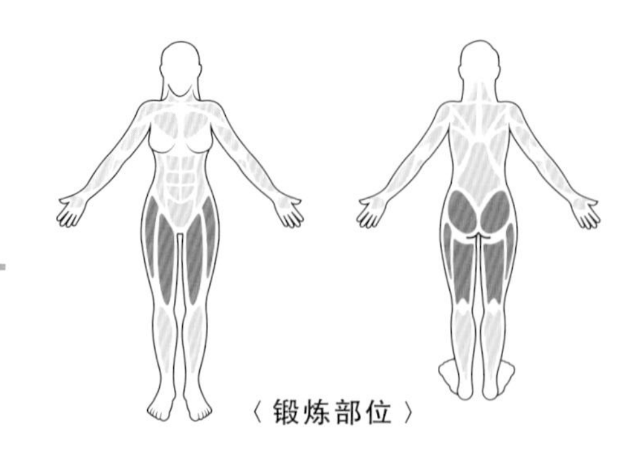

翘臀无疑是现代女性最想获得的理想身材，然而，除了外形体态上好看，臀部是人体相当大的肌群，拥有健壮的臀肌，可以使下盘更稳定、增进全身血液循环，并改善腰酸背痛的问题。由于女性在先天条件上拥有较发达的下半身，女性锻炼臀腿的频率应稍高于男性！初学者建议从一周2次开始，进阶的人一周可以练3～4次，以达到更好的锻炼效果。

本章包含了从基本深蹲到跨步蹲、臀桥等在家就可以练习的动作，目标是全方位打造饱满紧实的臀部和更为强壮有力的下半身。翘臀不只是练深蹲，更涵括深层肌肉（臀中肌、臀小肌），以及连接大腿后侧的肌肉。让我们一起练出好看的蜜桃臀吧！

主要锻炼部位 ▶ **臀部肌群、大腿肌群**

深蹲 Squat

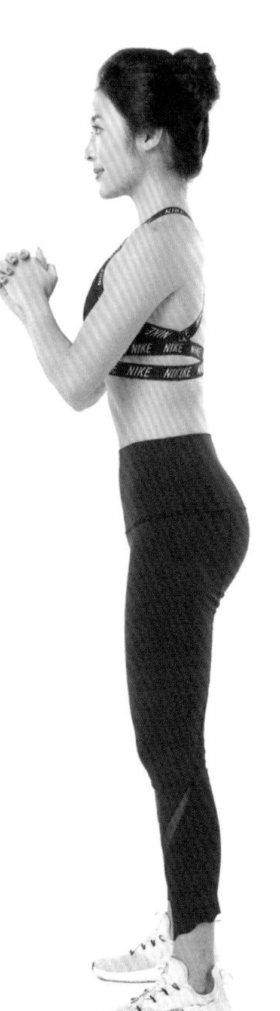

深蹲是锻炼下半身肌力的极佳动作，主要针对大腿前侧和臀部肌群。经常练习能改善血液循环和代谢，有助于打造翘臀曲线。

建议次数 15～20次 | **难易度 ★★☆☆☆** | **基本动作**

1 站姿，抬头挺胸，双脚打开与肩同宽。双手微微握住，并放在胸前。

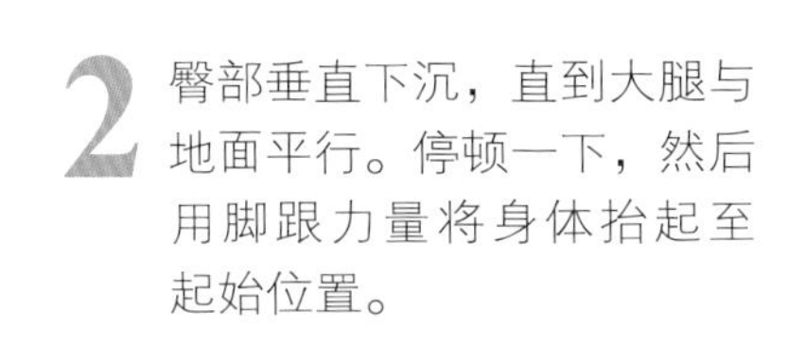

2 臀部垂直下沉，直到大腿与地面平行。停顿一下，然后用脚跟力量将身体抬起至起始位置。

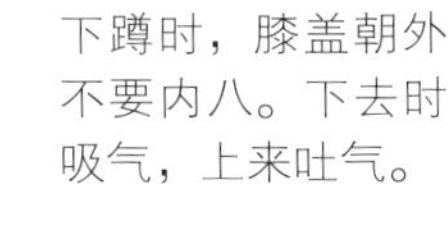

下蹲时，膝盖朝外不要内八。下去时吸气，上来吐气。

✕ 错误动作

重心过于前倾。

简易版

如果太难也可以这样做！如果觉得基本深蹲较吃力，也可以靠墙做。

主要锻炼部位 ▶ **臀部肌群、大腿肌群**

动作示范影片

椅子深蹲 Chair Squat

深蹲动作的入门版，用椅子辅助，让初学者练习向后坐的轨迹，锻炼大腿前侧、臀肌与核心肌群。

建议次数 **15～20**次 | **难易度** ★☆☆☆☆ | **变化型1**

1 找一张椅面与自己膝盖位置差不多高的椅子，站姿，抬头挺胸，双脚打开与肩同宽。双手微微握住，并放在胸前高度。

2 上半身垂直下沉吸气，臀部往后坐，轻触椅子前缘吐气起身，核心出力，后脚跟站稳。

✕ 错误动作

下蹲时，整个屁股坐在椅子上。

主要锻炼部位▶臀部肌群、大腿肌群

动作示范影片

相扑深蹲 Sumo Squat

掌握基本深蹲后，请一定要试试相扑深蹲！宽站的相扑深蹲比起一般深蹲更锻炼到大腿内侧，同时锻炼下肢与臀肌力量。

建议次数 15 ~ 20次 | **难易度** ★★★☆☆ | **变化型2**

1 站姿，上半身挺直，双脚打开宽站，两脚尖向外打开45°。两手可叉腰或交错于胸前。

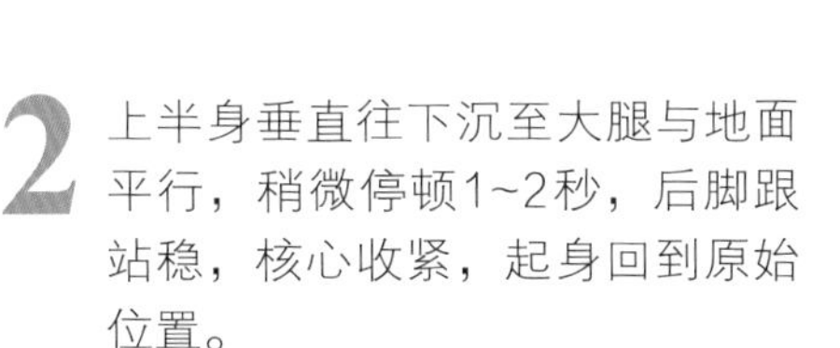

2 上半身垂直往下沉至大腿与地面平行，稍微停顿1~2秒，后脚跟站稳，核心收紧，起身回到原始位置。

主要锻炼部位▶**臀部肌群、大腿肌群**

负重深蹲 Weighted Squat

基本动作深蹲的变化型，锻炼核心与臀腿的优秀动作。手持哑铃，提高动作难度，已经掌握徒手深蹲的新手可以挑战看看！

建议次数**15～20**次 | 难易度★★★☆☆ | 变化型3

1 站姿，双脚打开与肩膀同宽。双手握住哑铃，并放在胸前。

2 两脚跟站稳，上半身垂直向下，重心勿前移，刺激臀肌后起身至起始位置。

和May一起挑战！

以下动作组合，1～4为1组，共做3组，组间休息1～2分钟。

1. 深蹲15～20下
2. 椅子深蹲15～20下
3. 相扑深蹲15～20下
4. 负重深蹲15～20下

主要锻炼部位 ▶ 臀部肌群、大腿肌群

动作示范影片

跨步蹲 Lunge

跨步蹲同时锻炼我们的臀腿与核心及下肢的稳定度，
想要翘臀请务必将这个动作加入你的菜单！

建议次数 **15～20次** | 难易度 ★★☆☆☆ | 基本动作

1 站姿，两脚与肩同宽，一脚向前跨大步，双手可叉腰或交错于胸前，两脚脚尖朝前方。

2 上半身垂直下沉，前后脚的大小腿尽量成90°直角，膝盖下降至靠近地板的位置，轻触地板也没关系，过程中要稳住核心，再起身回到原始位置。

主要锻炼部位 ▶ **臀部肌群、大腿肌群**

动作示范影片

跨步蹲抬膝

Knee-up Lunge

基本动作“跨步蹲”的变化版，难度提升，可以用来挑战核心肌群的稳定度。

建议次数 **15～20**次 | 难易度 ★★★☆☆ | **变化型1**

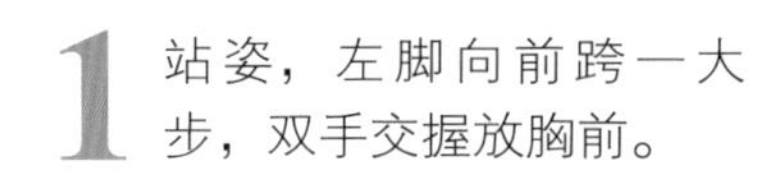

1 站姿，左脚向前跨一大步，双手交握放胸前。

2 吸气，臀部垂直下沉，直到左大腿与地面平行，但留意右膝不碰到地面。

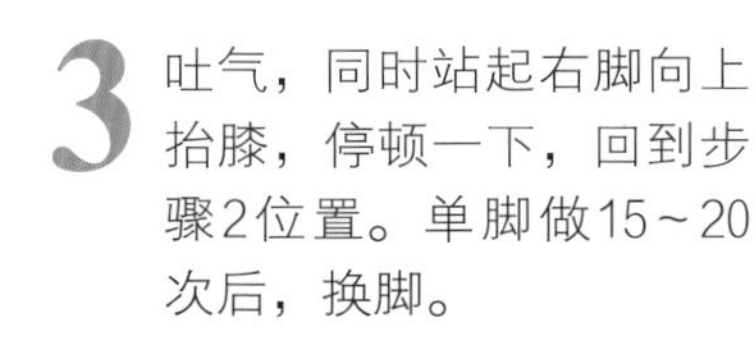

3 吐气，同时站起右脚向上抬膝，停顿一下，回到步骤2位置。单脚做15～20次后，换脚。

✕ 错误动作

步骤1如果没跨大步，下蹲时双脚距离会过窄。

主要锻炼部位 ▶ 臀部肌群、大腿肌群

动作示范影片

保加利亚跨步蹲

Bulgarian Lunge

强化股四头肌（大腿前侧）与臀肌，同时锻炼核心稳定度，在家可以用沙发椅或稳固的椅子练习。

建议次数 15 ~ 20 次 | **难易度** ★★★☆☆ | **变化型 2**

1 站姿，双脚与肩同宽，往前跨一大步，将后脚脚背放在椅子上，两手叉腰或交错于胸前。

2 上半身垂直向下，同时吸气，刺激臀肌后起身吐气至原始位置。过程中挺胸视线朝前，稳住核心，注意髋关节不歪斜。

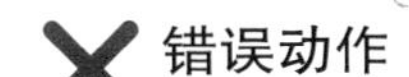

✕ 错误动作

做步骤 1 时前脚要离椅子远一点儿，不然下蹲后双脚距离会过窄。

主要锻炼部位▶ 臀部肌群、大腿肌群

动作示范影片

跨步蹲抬脚

Lunge with Rear Foot Raise

基本动作跨步蹲的进阶变化版，想要翘臀的你必练！

建议次数 **15～20**次 | 难易度 ★★★☆☆ | 变化型3

1 站姿，左脚向前跨一大步，双手交握放胸前，吸气。

2 吐气，臀部垂直下沉，直到左大腿与地面平行，但留意右膝不碰到地面，吸气。

3 吐气起身，髋关节保持正直不歪斜，右脚向后抬起挤压臀肌后慢慢落地，回到步骤2。

✕ 错误动作

注意步骤1需先跨大步，否则下蹲时双脚距离会太窄。

和May一起挑战看看！

以下动作组合，1～4为1组，共做3组，组间休息1～2分钟。

1. 跨步蹲15～20下
2. 跨步蹲抬膝15～20下
3. 保加利亚跨步蹲15～20下
4. 跨步蹲抬脚15～20下

主要锻炼部位 ▶ **腿部肌群**

动作示范影片

靠墙抬腿

Standing Rear Leg Raise

入门的练臀动作，唤醒臀肌，在家就可以打造翘臀！

建议次数 **15 ~ 20**次 | 难易度 ★★☆☆☆ | **基本动作**

1 站姿，一手扶着墙面，吸气。

2 吐气，左脚往后抬起，抬到最高点时收紧臀肌，停顿一下，然后回到起始位置。单脚做15~20次后，换脚。

主要锻炼部位 ▶ 臀部肌群、大腿肌群

驴子抬脚 Donkey Kick

入门的练臀动作，唤醒臀肌，在家就可以打造翘臀！

建议次数 **15 ~ 20**次 | 难易度 ★★★☆☆ | 变化型 1

1 跪姿，以双臂支撑上半身，双脚、膝盖着地，吸气。

注意要收紧腰、腹部肌群。

2 单脚弯曲，双手保持手撑式稳定核心，慢慢抬起弯曲的腿。

3 将弯曲的腿抬至上方，专注于臀肌感受度，腰部勿过度伸展，回到步骤2。换另一只脚，重复同样动作。

✕ 错误动作

注意后脚抬起时不要倾斜。

主要锻炼部位 ▶ **臀部肌群、大腿肌群**

小狗侧抬腿 Fire Hydrant

入门练臀动作，主要锻炼侧臀肌，练出饱满臀部。

建议次数 **15~20** 次 | 难易度 ★★★☆☆ | 变化型2

1 跪姿，以双臂支撑上半身，双脚、膝盖着地，吸气。

注意要收紧腰、腹部肌群。

2 吐气，同时将左腿侧边抬起，膝盖保持弯曲，到最高点后停顿一下，再慢慢下降，下降到膝盖微微碰地时，立刻再往上抬。单脚做15~20次后，换脚。

主要锻炼部位 ▶ 臀部肌群、大腿肌群

蛤蜊侧抬腿 The Clam

髋关节的暖身动作，同时锻炼臀部肌肉，打造迷人翘臀（建议搭配弹力带）!

建议次数 **15～20**次 | 难易度 ★★★☆☆ | 变化型3

1 侧卧，大腿套上弹力带，并以右臂撑起上半身，双脚微弯，膝盖并拢，吸气。

2 吐气，将左脚、膝盖尽量上抬，同时保持双脚脚跟并拢。到最高点后停顿一下，再放下膝盖。单脚做15～20次后换脚。

✕ **错误动作**
只向上抬腿，没有将膝盖外开。

和May一起挑战!

以下动作组合，1～4为1组，共做3组，组间休息1～2分钟。

1. 靠墙抬脚15～20下
2. 驴子抬脚15～20下
3. 小狗侧抬脚15～20下
4. 蛤蜊侧抬脚15～20下

主要锻炼部位 ▶ 臀部肌群

双脚臀桥 Glute Bridge

臀桥是直接刺激臀大肌的动作，有助活化髋关节，改善下背痛问题！搭配弹力带更能感受臀肌的参与！让臀肌锻炼变得更有挑战性！

建议次数 **15～20**次 | 难易度 ★★☆☆☆ | 基本动作

1 仰躺，膝盖弯曲，双脚平放并打开与髋部一样宽，吸气。

2 吐气，同时以臀部与腹部的力量将上半身撑起，停顿一下，回到起始位置。

注意上抬时要夹紧屁股。

也可以使用弹力带，效果更好。

主要锻炼部位 ▶ **臀部肌群**

动作示范影片

单脚臀桥 Single Leg Thrust

基本动作“双脚臀桥”的变化版，可刺激单边臀肌，锻炼核心的稳定度，同样可以搭配弹力带感受臀肌的参与，让臀肌锻炼变得更有挑战性！

建议次数 15～20次 | **难易度** ★★★☆☆ | **变化型 1**

1 仰躺，膝盖弯曲，双脚平放并打开与髋部同宽。

2 右脚向上抬起，膝盖微弯，吸气。

3 吐气，以臀部与腹部的力量将上半身撑起，同时右脚往上抬，膝盖保持微弯，停顿一下，回到步骤2位置。单脚做15～20次后换脚。

也可以使用弹力带，效果更好。

主要锻炼部位 ▶ **臀部肌群**

沙发负重臀桥

Weighted Glute Bridge On Bench

基本动作“双脚臀桥”的变化版，很适合在家一边看电视一边练美臀！

建议次数 15 ~ 20次 | **难易度** ★★★☆☆ | **变化型2**

1 背部靠着沙发前缘，双手将哑铃放在下腹位置，双脚着地，膝盖微弯，吸气。

2 吐气，以臀部与腹部的力量将身体撑起，停顿一下，回到起始位置。

主要锻炼部位 ▶ **臀部肌群**

负重双脚臀桥
Weighted Glute Bridge

基本动作“双脚臀桥”的变化版，增加了重量。

建议次数 15 ~ 20次 | **难易度** ★★★☆☆ | **变化型3**

1 仰躺，双手将哑铃放在下腹位置。膝盖弯曲，双腿套上弹力带，脚平放并打开与髋部同宽，吸气。

2 吐气，以臀部与腹部的力量将身体撑起，停顿一下，回到起始位置。

和May一起挑战！

以下动作组合，1 ~ 4为1组，共做3组，组间休息1 ~ 2分钟。

1. 双脚臀桥15 ~ 20下
2. 单脚臀桥15 ~ 20下
3. 沙发负重臀桥15 ~ 20下
4. 负重双脚臀桥15 ~ 20下

专栏 8

开启健康生活的好习惯

想开启健康生活的新手，不妨从改掉以下的不良习惯开始吧！

① 少吃甜食、零食、含糖饮料

甜食热量高，几乎没什么营养，但它的确容易令人上瘾，因为吃甜食会使大脑分泌“多巴胺”，让人感到幸福。然而，一旦急速升高的血糖降低，又会令人感到疲倦、昏昏欲睡，甚至想吃更多的甜食。且零食常混合了盐、糖、油、加工面粉及不健康的化学成分，容易导致代谢能力变迟缓。

我建议用健康的零食替代，如：72% 以上的黑巧克力，核桃、杏仁、腰果等含有优质不饱和脂肪酸的坚果等。也可以多吃水果，水果富含人体所需维生素与纤维，然而许多水果含糖量很高，食用时也应控制数量。高升糖水果如芒果、凤梨不建议常吃，推荐食用低升糖水果如莓果、奇异果、柠檬、木瓜、苹果等。

② 避免久坐，多走动

上班族可多利用空闲时间走一走、伸展筋骨，可帮助肠胃消化，切忌久坐不动。

③走楼梯代替搭电梯

与其低头滑手机坐电梯，不如走楼梯吧，它是很棒的锻炼下半身肌力与心肺的运动！公交一族建议多走一站的距离（10 ~ 15 分钟，一周 3 ~ 4 次）。

④ 养成每周做 2 ~ 3 次肌力锻炼的习惯

如果没时间去健身房，每天在家也可以做10 ~ 20分钟的徒手锻炼（一周3 ~ 4 次），以提升全身肌力，预防老化。

在家练出
紧实上半身

〈锻炼部位〉

跟蝴蝶袖说拜拜！
4个动作轻松练成美丽的上半身线条

练胸背不是男性的专利，女性要有好看的体态，一定要锻炼上半身！不少女性着重锻炼下半身而忽略了上半身，导致整体比例不平衡、视觉上不够匀称。除身形上有明显的影响外，现代人长期久坐、使用电子产品导致驼背等问题，也都可以借由锻炼上半身肌力获得改善。

想要锻炼出完美的上半身，秘诀在于挺胸、美背和紧实的手臂线条。本篇章精选4个适合初学者的上半身动作，包含不需要工具的跪姿伏地挺身、超人式，以及利用家中椅子、哑铃做辅助的椅上撑体臂屈伸、哑铃侧平举，让各位可以在家跟着练习，打造有肌力线条感的上半身，穿衣更有型！

主要锻炼部位 ▶ 胸部肌群、手臂肌群

椅上撑体臂屈伸 Tricep Dip

锻炼三头肌与下胸的极佳动作，有助于提升上半身肌力，
在家只要一张椅子就可以开始锻炼！

建议次数 15～20次 | **难易度** ★★☆☆☆

1 在椅子前方微蹲，双手抓紧椅子边缘，上半身挺直，手臂伸直撑起身体。

手尽量抓紧椅子。

简易版

双脚往后收一点儿，动作会更省力。

2 身体下沉并吸气，视线保持朝前，手肘弯曲，用手臂后侧和下胸力量撑住身体，再吐气，回到起始位置。

上半身保持挺胸。

进阶版

想提高难度，双脚可以再往前伸一点儿。

主要锻炼部位 ▶ **胸部肌群**

跪姿伏地挺身

Knee Down Push Ups

这个动作能较好地锻炼胸大肌，除了让胸部肌肉更结实浑圆，还能改善上肢无力和驼背问题！

建议次数 15 ~ 20 次 | **难易度** ★★☆☆☆

1 双脚脚踝交叉，膝盖着地。双手与肩同宽、撑地，并张开略宽于肩。

✕ 错误动作

背部拱起，腿过于弯曲。

2 吸气，手肘弯曲，将身体放低，直到胸部几乎碰到地面。稍微停顿，吐气，然后将身体向上撑起，回到起始位置。

✕ 错误动作

背部拱起，腿过于弯曲。

简易版

如果太难也可以这样做！

膝盖可以往前挪一点儿，身体下沉幅度不用太大。

主要锻炼部位 ▶ 背部肌群、腹部肌群

超人式 Superman

可以强化核心肌群、下背，还能锻炼臀部肌肉，甚至协助矫正不良姿势！

建议次数 5 ~ 10次 | **难易度** ★★☆☆☆

1 趴在地上，双手弯曲放太阳穴旁，双脚往后伸直。

请使用瑜伽垫在硬地板上做，不要在软床上。

2 收紧臀肌与下背部，吐气，让胸部离开地面，呈现像超人一样的飞行姿势。抬至最高时，停顿2秒，吸气，回到起始位置。

✕ 错误动作
头部过于上仰，颈部容易受伤。

重点不在手脚抬离地的高度，而是要将注意力集中在四肢的延伸及核心的施力。

主要锻炼部位 ▶ 胸部肌群

动作示范影片

哑铃侧平举 Shoulder Hold

精准锻炼手臂和肩部肌群，打造完美肩线，穿衣更有型！

建议次数 5 ~ 10次 | **难易度** ★★☆☆☆

1 站姿，双手各握一个哑铃，掌心朝内，垂放在身体两侧。

2 吐气，双臂朝身体外侧举起，直到与肩膀同高。停顿一下，吸气，同时将哑铃放下至起始位置。

1. 注意上身挺直，双手举到平行。
2. 上举时速度要快，放下时则慢。

哑铃可用装满水的保特瓶代替。

✕ 错误动作

上举时耸肩或左右手一高一低。

专栏 9

善用你的负面情绪

很多人问我是怎么开启健身第一步的，我是怎么坚持下去的。我的答案是：负面情绪。当初一股脑加入健身房会员，就是因为被家人说胖，觉得很不服气（没错，就是如此肤浅的原因）。开始锻炼后讨厌停滞不前的感觉，以及在网络上分享图片时，时常被有些人抨击身材不够好，这些更激发我继续锻炼的信念。

由此可知，负面情绪如挫折感、不安、愤怒感并非坏事，它是身为人都有的情绪。如果面对负面情绪，你总是逃避，你注定会失败！成功的人不害怕负面情绪，他们接受负面情绪，并通过学习与负面情绪共处，以达到提升自己的水平，获得想要的东西。

许多时候，“我不想要”比“想要”更具有威力！我不想要停滞不前，我不想要再被人说胖，我不想要胸部屁股下垂肉松松……负面情绪往往会给你动力去改变，但如果太执迷于“不想要”什么，不去在意“想要什么”，也很容易被外界的“杂音”所影响，杂音如社会眼光、朋友与家人的看法等。如果“杂音”过大，可能会使人避开自己不想要的东西，却为此付出巨大代价——永远得不到你想要的东西。

因此，当你明确自己不想要什么，像是车子有了“燃料”，下一步就是找到目标，有了“方向”，就笔直前进吧！这时可列出以下句子：我想要变得自信，我想要紧实苗条的身材曲线，我想要去海边穿比基尼……有感觉到动力满满吗？当你找到自己不想要什么、想要什么，就不会觉得自己老是像个傻瓜一样，不知在努力什么。负面情绪是种反向激励，正面情绪是你的热忱与信仰所在，运用两种情绪来赋予生活意义、提升自己。行为有了意义、目标有了价值，你就更愿意付出心力继续努力下去！

徒手练出迷人的马甲线

分区域锻炼腹部肌群，
练出性感迷人的马甲线！

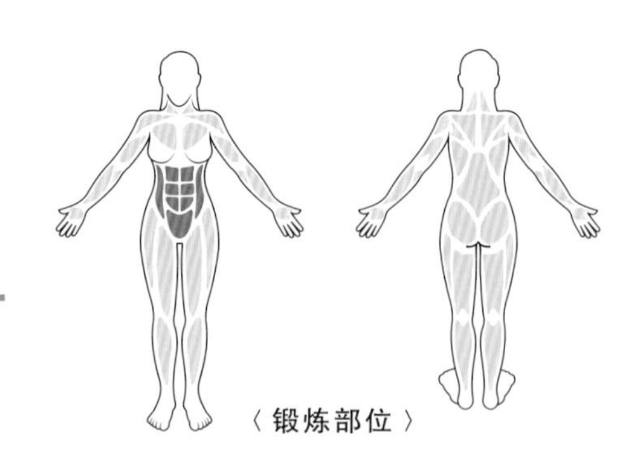

马甲线是平坦腹部的最高境界。腹部不仅没有赘肉，肚脐两侧还有两条性感的肌肉线条，看起来就像马甲，因此被人称为“马甲线”。

想拥有马甲线，可以从两方面下手，一是通过控制日常的饮食来减少摄取多余的脂肪，另外就是做腹部肌肉的锻炼，借此提高肌肉量及身体代谢率，让肌肉线条更明显、更性感！

本单元中，我将腹部锻炼分为3个区块，上腹、中腹和下腹，可以完整锻炼到腹部的重要肌群（核心肌群）腹直肌、腹内斜肌、腹外斜肌、腹横肌。只要好好练习，绝对能练出迷人的马甲线！

主要锻炼部位 ▶ 下腹肌群

仰卧抬腿 Leg Raise

新手也能简单锻炼下腹肌的运动，躺着就能做，是一组很适合用来强化核心肌群的极佳入门动作。

建议次数 **15 ~ 20** 次 | 难易度 ★★☆☆☆ | 基本动作

1 卧躺，手抱头，双腿稍微弯曲并上抬。腹部收紧，让背部紧贴地板。

简易版

如果太难也可以这样做：双腿弯曲幅度可大一点儿，且可离地远一点儿，不必等接近地面才上抬。

✕ **错误动作**

背部拱起，腿过于弯曲。

2 吸气，双脚慢慢放下，快接近地面时，吐气，以腹部力量再抬起。

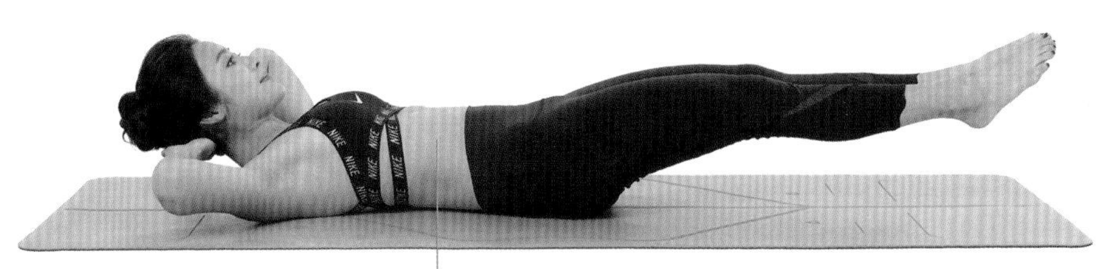

核心要收缩出力。

主要锻炼部位 ▶ 下腹部肌群

动作示范影片

侧边抬腿

Side To Side Leg Raise

基本动作“仰卧抬脚”的变化版，可以有效加强腹斜肌的力量。

建议次数 15 ~ 20 次 | **难易度** ★★★☆☆ | **变化型 1**

1 卧躺，手抱头，双腿稍微弯曲并上抬。腹部收紧，让背部紧贴地板。

2 吐气，同时双腿往身体左侧放下，吸气。吐气，再换右侧放下，吸气。最后吐气并双腿抬起，回到起始位置。

注意核心要收缩发力。

简易版

如果太难也可以这样做：双腿弯曲幅度可稍大一点儿，且离地远一点儿。

✕ 错误动作

双腿转向两侧时幅度过大，且背部拱起，腿过于弯曲。

主要锻炼部位 ▶ 下腹部肌群

仰卧踢腿 Flutter Kick

基本动作“仰卧抬脚”的变化版，增强下腹肌力量最有效的动作。

建议次数 15 ~ 20次 | **难易度** ★★★☆☆ | **变化型2**

1 卧躺，手抱头，双腿稍微抬离地面。腹部收紧，让背部紧贴地板。

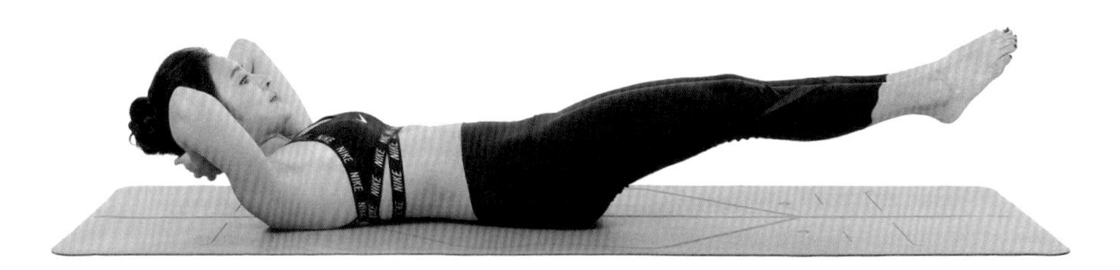

2 双脚轮流做小幅度的踢脚动作。

注意腹部要收缩发力。背部不要拱起。

踢脚时，以大腿力量带动小腿，不要只动小腿。

简易版

如果太难也可以这样做：双腿弯曲幅度可大一点儿，且离地远一点儿。

主要锻炼部位 ▶ 上腹部肌群

卷腹 Crunch

卷腹动作可以有效锻炼我们的腹直肌，加强上腹锻炼，让核心更为强壮！

建议次数 **15 ~ 20** 次 | 难易度 ★★☆☆☆ | 基本动作

1 后仰躺平，头部离地，并将双手置于脑后。膝盖弯曲，双脚稳稳平踩地面。

2 收紧腹肌，吐气，将肩膀与上背部抬离地面。抬至最高点时，停顿1秒，吸气，再慢慢躺下回到起始位置。

肩颈勿过度紧绷。

只有背部的上部离开地面，髋部固定，下背贴地。

主要锻炼部位 ▶ 上腹部肌群

仰卧碰踝 Ankle Reach

卷腹变化动作，左右碰趾，锻炼腹外斜肌和深层的腹内斜肌，让腹部更紧实！

建议次数 **15 ~ 20** 次 | 难易度 ★★★☆☆ | 变化型 1

1 后仰躺平，头部离地，双手伸直置于身体两侧。膝盖弯曲，双脚稳稳平踩地面。

2 吐气，上半身往右偏，同时右手碰触右脚踝，吸气。吐气，上半身往左偏，同时左手碰触左脚踝。

手尽量碰到脚踝。

主要锻炼部位 ▶ 上腹部肌群

屈膝碰踝

Side To Side Ankle Touch

锻炼上腹部与侧腹肌群，强化核心肌力。

建议次数 15 ~ 20 次 | **难易度** ★★★☆☆ | **变化型 2**

1 后仰躺平，头部离地，并将双手置于脑后。膝盖弯曲，双脚稳稳平踩地面。

2 收紧腹肌，吸气，将肩膀与上背部抬离地面，右脚抬起往内收，以左手碰右脚脚踝时吐气，然后换边。

主要锻炼部位 ▶ 侧腹部肌群

侧平板支撑 Side Plank

还在练基本平板？试试侧平板吧！可以改善身体协调性，增加身体的平衡感，同时强化核心肌群以及手臂力量。

建议次数 15 ~ 20 次 | **难易度** ★★☆☆☆ | **基本动作**

1 右侧卧，用右前臂支撑上半身，左手臂弯曲置于头部旁，臀部着地。

右手肘要在肩膀正下方，并与臀部在一直线上。

2 将臀部抬离地面至肩膀、屁股、腿呈一直线。

简易版

双手手肘位于肩膀正下方，将身体撑住，双脚伸直，腹部紧缩，屁股夹紧。保持 30 秒。

主要锻炼部位 ▶ 侧腹部肌群

侧平板抬臀

Side Plank Hip Raise

掌握基本的侧平板后，试试这个变化动作吧！加强侧腹肌与核心的进阶动作！

建议次数 15 ~ 20次 | **难易度** ★★★☆☆ | **变化型 1**

1 右侧卧，收紧肚子，左手臂弯曲置于头部旁，吐气，右手肘撑起身体，将臀部抬离地面，做出“侧平板支撑”。

右手肘要在肩膀正下方，并与臀部在一直线上。

2 吸气，右前臂支撑着上半身，臀部微微下沉。

3 吐气，用侧腹力量将臀部往上抬，再吸气回到步骤2的位置，做15～20次。然后换左侧卧。

主要锻炼部位 ▶ 上腹部肌群

动作示范影片

侧平板转体

Side Plank Rotation

侧平板的变化版，可锻炼侧腹肌群与核心稳定性，进阶者可以挑战一下。

建议次数 **15 ~ 20**次 | 难易度 ★★★☆☆ | 变化型2

1 右侧卧，用右前臂支撑上半身，左手臂弯曲置于头部旁，臀部着地。

眼睛要看向手指。

右手肘要在肩膀正下方，并与臀部在一直线上。

2 吐气，用手肘撑起身体，将臀部抬离地面，双腿伸直，左手向上延伸，使身体呈一平面，吸气。

3 吐气，左手向下弯曲至腹部下方身体旋转至两肩与地面平行，吸气，回到步骤2位置。

高强度燃脂！加强心肺功能

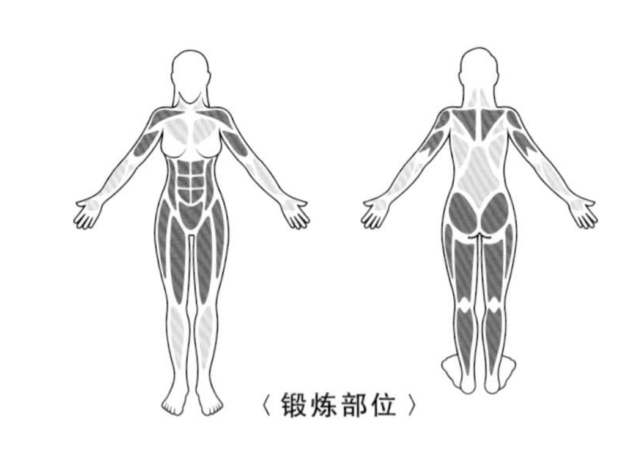

燃脂效果100分！4个有效提升心肺功能的最佳锻炼

本单元属于高强度间歇的动作。高强度间歇锻炼是在短时间内消耗热量，达到燃脂又提升心肺功能、锻炼全身肌力的功效，是省时又高效能的运动！

本单元我介绍了抬膝跳、波比跳、碰肩膀、脚踏车这4个适合初学者的高强度间歇动作，能有效锻炼心肺功能，全方位提升肌群和整体肌力！

不过切记，高强度间歇锻炼不是人人都适合的，每个动作的锻炼次数，一定要依个人的体能状况去调整。没有时间去健身房的时候，坚持在家做10~20分钟的锻炼，持续下去，也能达到不错的效果！

主要锻炼部位 ▶ 臀部肌群、心肺功能

抬膝跳 High Knee Jump

能有效燃脂、增强腿部肌力并维持下肢关节的稳定性，同时还是跑步前的最佳暖身动作！

建议每次约30秒 | **难易度** ★★☆☆☆

动作示范影片

1 站姿，双手前臂向前伸出。

2 左膝盖上抬超过腰部，再迅速放下，换右脚。类似在原地跑步的感觉。

1. 注意膝盖要抬过腰部。
2. 依照个人情况，可在短时间内提升抬腿的速度。

主要锻炼部位 ▶ 全身肌群、心肺功能

波比跳 Burpee

波比跳是结合多动作的全身性燃脂运动，可同时锻炼到从上肢到下肢70%的肌群。

建议次数 **15 ~ 20**次 | 难易度 ★★★☆☆

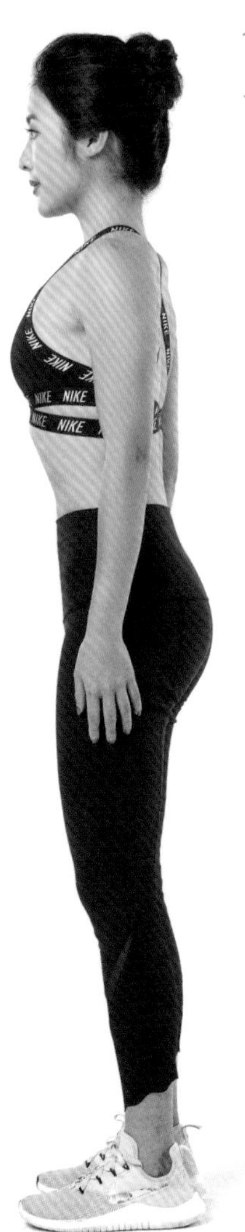

1 站姿，双脚打开与肩同宽。

2 蹲下，双手置于地板。

动作示范影片

3 双手固定不动，双脚往后跳。

4 双脚往回跳，回到步骤2位置。

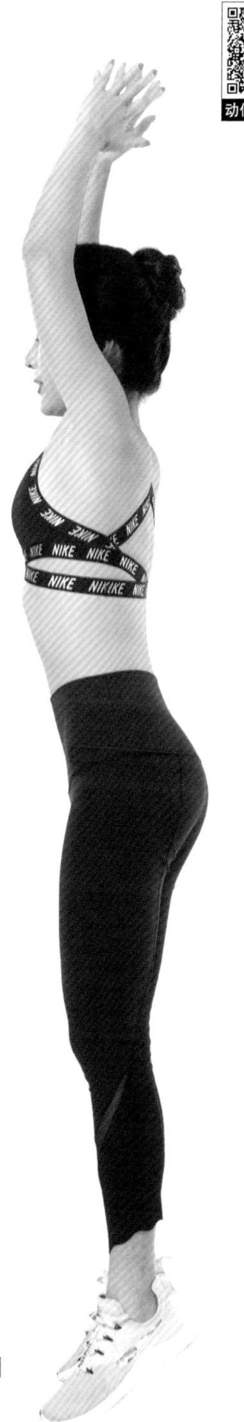

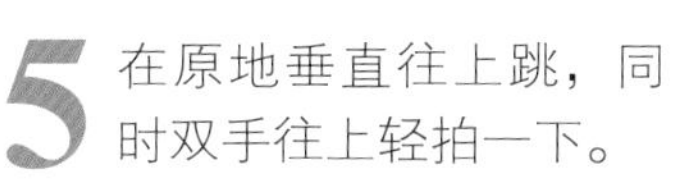

5 在原地垂直往上跳，同时双手往上轻拍一下。

主要锻炼部位 ▶ **核心肌群、心肺功能**

碰肩膀 Shoulder Tap

平板支撑的进阶动作，让单边手掌离开地面碰对边肩膀，
增强核心肌力的同时考验上肢力量。

建议次数 15 ~ 20 次 | **难易度** ★★☆☆☆

1 双手在肩膀正下方撑地，让双脚打开与肩同宽，脚尖着地，吸气。

2 保持身体稳定不动，吐气，同时将一手抬离地面，碰触另一边的肩膀前方，再慢慢回到地面。左、右为一次。

主要锻炼部位 ▶ **腹部肌群、心肺功能**

脚踏车 Bicycle

又名“单车式卷腹”。如果你已练腻了单纯的卷腹，试试脚踏车，能更加刺激腹部肌肉！

建议次数 15 ~ 20次 | **难易度** ★★☆☆☆

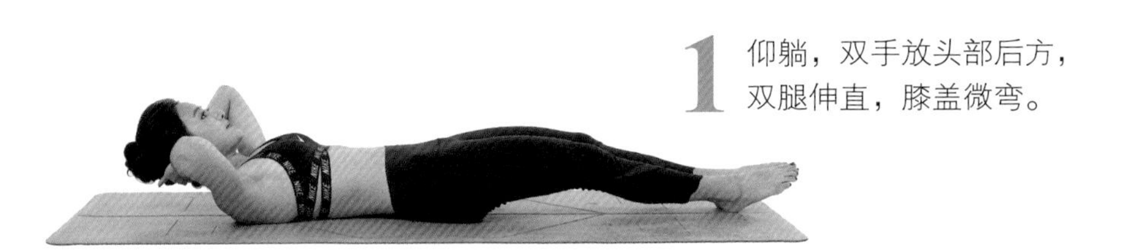

1 仰躺，双手放头部后方，双腿伸直，膝盖微弯。

2 右膝往胸部方向抬起，同时上身抬离地面，转向右膝。保持平衡，停顿一下。

3 右脚伸直，抬起的上身转向左侧，将左膝拉近身体，然后再换另一侧，做出类似踩脚踏车的动作。左、右为一次。

✕ 错误动作

后背贴着地面。

问与答

粉丝最想问！关于饮食和运动的疑难杂症

问 May如何克服暴食？

吃吧！用重训把多余的热量转换成健身的燃料！

暴食的问题经常困扰着我，因为我是个超级吃货（食量惊人），尤其是一遇到压力或外出旅游时，我可以很轻易地吃到4000～5000大卡/日。当然，伴随而来的就是体重上升，对自己感到失望。

然而，与其陷入无限轮回的负面循环，不如把身体多余的热量当作是增肌的燃料。大吃过后的我，总是更有动力健身！因为对美食的欲望已经被满足了，食欲下降，自然而然就回到正常轨道。对我来说，压抑身体的渴望一定会导致不好的后果，因此察觉自己的情绪与需求很重要，想吃的时候就吃吧！搭配重训，或许能顺势增加肌肉！

▲ 想吃就开心吃，再加倍运动补回来！

除了转换心情之外，我认为要避免暴食，很重要的就是减少外在的环境刺激。在这里跟你们分享我的方式：①清除家里的诱惑如饼干、零食，冰箱里只放健康的食物。②提前备餐，例如先准备好今天晚餐或隔天的分量，就能减少外食。③和家人朋友聚餐时，选择低卡的食物。

健身时如何不在意他人的目光？

努力练习、建立自信，别让他人阻碍你的进步！

对一个初学健身的女孩而言，最在意的就是他人的目光。“我是不是哪里做错了？”“他们是不是在嘲笑我？”尤其当健身房的自由重量区都是男性时，自己就像一只小兔子拿着器材乱做一通，也不确定姿势正不正确，真的很容易萌生放弃的念头。

起步总是最困难的，你需要有人指导以减少漫长的摸索期。无论是找专业教练，还是找有经验的朋友陪同，有人指引、纠正，会让你更快掌握姿势要点，练得更有自信！

除此之外，自主学习力也是不可或缺的。通常练得好的人都是本身对健身充满热忱，私下也不停在琢磨、学习的人。今天教练带你做了什么动作，你是否好好记下来并自己温习？或许现阶段还不如人，但今天的自己是否比昨天的自己要好？自信是建立在日复一日的练习之上的，当你熟悉了，你就会充满自信，何必在意他人的目光呢？他们不知道你经历了什么、你渴望什么，为何要让他们阻碍你的进步？

做胸部锻炼，能让胸部变大吗？

不一定，但胸形会变好看！

我必须说，在体脂不变的情况下，很有可能有变大的效果。女性的胸部是由脂肪构成的，所以当全身体脂肪量减少时，胸部自然会变小。决定胸形的因素是支撑胸部的肌肉和周围组织，因此通过锻炼，可以让胸形在视觉上更加饱满，改善因瘦身或哺乳而变小的胸部。但锻炼胸部就像锻炼任何肌肉部位一样，需要耐心与毅力，至少要半年至一年的锻炼，饮食上也要多吃蛋白质与优质脂肪等食材。

▲ 小胸女孩的逆袭！练胸前后的对比照。

感觉身材越练越壮，怎么办？

健壮是力与美的展现！

我认为每个人的审美观都不同，亚洲女性偏好纤细的纸片身材，但到了国外如欧美国家才发现，稍微有肉的体态比较受欢迎。你感觉到的壮，有时只是充血状态、心理作祟，还有你身处的环境所影响（当大家都瘦瘦的时候），其实，壮就是力与美的展现！当然，如果你锻炼一阵后真的感觉比较壮，这时可进入减脂期让身形消瘦。但要注意，减脂时还是要维持肌力锻炼，多吃蛋白质，否则会让辛苦锻炼的肌肉流失。

▶ 现在的我，反而喜欢有点儿肉肉的性感体态。

孕妇可以运动吗？

可以！只是有些事情要特别留意。

孕妇也可以照常运动、做阻力锻炼！规律运动有助于打造好孕体质，但有些应注意的事项：

1. 锻炼以不感到疲劳为宜，绝不能练到筋疲力尽的程度，若感到晕眩不适，应立即停止。不要在意别人的目光，专注锻炼即可。
2. 动态、节奏性的运动，如脚踏车或走路，可减少运动伤害。
3. 避免做会使腹部受伤或失去平衡的运动。
4. 锻炼时应及时补充水分，穿舒适的服装，选择良好的环境（不建议在户外），避免体温大幅升高。